大科学与创新

Big Science and Innovation

保罗·西蒙兹（Paul Simmonds）
埃丽卡·克雷默-姆布拉（Erika Kraemer-Mbula）
安德烈·霍瓦特（Andrej Horvath）
詹姆斯·斯特罗扬（James Stroyan）
弗兰克·祖丹姆（Frank Zuijdam）—著

李泽霞　刘小平　冷伏海 等—译

科学出版社
北京

图书在版编目（CIP）数据

大科学与创新/（英）西蒙兹（Simmonds，P.）等著；李泽霞等译. —北京：科学出版社，2016.4

书名原文：Big Science and Innovation

ISBN 978-7-03-047769-9

Ⅰ. ①大…　Ⅱ. ①西…　②李…　Ⅲ. ①科学研究-关系-技术革新　Ⅳ. ①G3②F062. 4

中国版本图书馆 CIP 数据核字（2016）第 053048 号

责任编辑：邹　聪　郭亚会 / 责任校对：张怡君

责任印制：吴兆东 / 封面设计：黄华斌

联系电话：010-64035853

电子邮箱：houjunlin@mail.sciencep.com

科学出版社出版

北京东黄城根北街 16 号

邮政编码：100717

http://www.sciencep.com

北京凌奇印刷有限责任公司印刷

科学出版社发行　各地新华书店经销

*

2016 年 4 月第　一　版　　开本：720×1000　B5

2024 年 3 月第五次印刷　　印张：10

字数：204 000

定价：88. 00 元

（如有印装质量问题，我社负责调换）

目　　录

1. 概　　述

1.1 关于本报告

本报告是探讨大型研究基础设施和创新之间关系的一项研究。这是一份通过研究过去所做过的一些评估工作，从而对创新成果的评价方法提出建议的研究报告。

在撰写本报告的过程中，我们进行了文献综述和资料分析，开展了小部分定性研究并对主要利益相关方进行了访谈。

大型研究基础设施是基础设施的一个重要子范畴，不仅涉及对先进设备及相关基础设施的大规模投资，往往还涉及大规模、高技能的运营支持团队和相关服务。比较广泛的共识为大型研究基础设施是科学研究的重要“工具”，对于帮助我们探索未知世界非常关键。

人们往往认为大型研究基础设施就是位于某个固定场所的设施，如粒了加速器和望远镜，但是，研究基础设施的类型更加多样化：远远不止于大型集中式的设施，它的范围还包括从物理上分散的资源，如超高速通信网络、虚拟设施和具有国家或国际重要意义的文物藏品等。

我们所查阅的大部分文献都是评估单址设施的社会经济影响的，由于其多样性，我们在进行文献研究时将大型研究基础设施分为四个大的类别（单址设施、分布式设施、移动设施和虚拟设施）以帮助我们理解。

1.2 英国的科技投入与研究基础设施

为了使这项分析更切合实际，我们回顾了英国科学预算的整体发展，以及在研究基础设施建设方面的投入所占的比例。

2011/2012~2014/2015 财年科学与研究经费分配（ASRF）表明，虽然基础设施建设投资在科学预算总额中所占份额非常小却非常重要。2011/2012 年度，研究基础设施建设投入预算约为 5.15 亿英镑，约占科学预算总额的 12%。据估计，其中约 1/3 的投资用于大型研究基础设施相关的项目，但是无论从相对角度还是绝对角度而言，对大型研究基础设施战略性支持的投入都在增长。自 2010 年开支审查（SR10）以来，政府已经制定了多项重要措施，这些措施有望使得 2013/2014 年度和 2014/2015 年度的年度支出大幅增长。

主要的预算项目包括七个研究理事会的独立预算与英国四家国家高等教育资助委员会的预算（分别占 46%和 27%），英国航天局（UKSA）和大型研究基础设施投资基金（LFCF）将补足其中的差额（26%）。

研究理事会的预算可用于资助该理事会自身研究机构的研究基础设施及大学的研究基础设施。高等教育机构（HEI）的投资基金则主要用于确保大学的研究场所、设备和基础设施的数量与质量足以开展卓越研究。LFCF 用于支持国家大型研究基础设施，包括对现有的研究基础设施及正在积极筹备中的基础设施[如钻石光源（DLS）、英国散列中子源（ISIS）和平方公里阵列（SKA）]的支持。

我们对英国现有的各类大型研究基础设施非常感兴趣，借此了解其规模和范围，以及所属学科或设施类型等各方面显现出的趋势。

英国的全部研究基础设施并没有一个完整明确的清单，于是我们通过欧洲研究基础设施前景图谱（MERIL）①项目达到了这个目的，该项目是欧盟资助的一个项目，描绘了整个欧盟地区的研究基础设施的分布。

我们列出了一个大型研究基础设施的清单，其中大量资料都取自 MERIL 数据库，而且科学与技术设施委员会（STFC）和其他研究理事会也对该清单做了补充。该清单列于附录中，包括研究基础设施的名称及其主要针对的学科领域。虽然该清单可能并不全面，还有一部分英国研究基础设施并未包含其中，但是该清单足以让我们开展一些简单的分析。

该分析清楚地表明，英国拥有大量各个领域（从自然和物理科学领域到艺

① Mapping of the European Research Infrastructure Landscape，http://portal.meril.eu/converis-esf/publicweb/startpage?lang=1。[译者注]

术领域）具有国际或国家意义的研究基础设施。这也再次印证了在四种设施分类中，英国的很多研究基础设施都具有国际或国家意义。研究基础设施的分布比例也显示出单址设施在所有设施中的重要地位，因为约有一半的设施都属于单址设施。

1.3 “大科学”与创新

这项研究的第二个目的是研究有关创新模式及成果的文献，并进一步探讨“大科学”设施对创新模式和成果的影响。

我们进行了大量的文献调研，首先分析研究了我们原有的 50 份文献，之后我们又投入了大量精力，设法将查阅的文献数量增加一倍。然而，其中约有 70 份文献具有参考价值，而这 70 份参考文献中，约 30 份专注理论研究，而其他 40 份则是实证研究。

“大科学”与创新之间的关系已在研究政策的文献中进行了讨论，但是此类文献并不像研究公共研究的社会利益的文献那么普遍。本研究中的大部分文献都属于实证研究类文献，详细介绍了单个设施所取得的成就，很少有文献系统地阐述相关的理论性问题。

从创新的角度来看，理论性文献中有两点特别重要，这意味着大型研究基础设施对科学创新的贡献与其他设施相比有着本质的不同。

（1）在建设下一代研究基础设施的过程中我们必须克服一些挑战，克服这些挑战也就意味着逐步扩展了当代仪器与设备的技术边界。设施的建设方可能会明确向承建方提出创新的解决方案，之后很多人就可将这些新的产品或服务转移到其他市场，应用到其他设施，甚至其他行业。

（2）国家和国际互联的研究基础设施的出现，以及大数据支持新研究的开展，此外，通过开放获取政策也可促使新的分析功能支持公共和私营部门的创新。

有迹象表明，研究机构无论在其设计和建设期间（如用户主导的创新），还是运营和使用期间（如服务创新和较为传统的以研究为基础的知识转移）都会产生工业知识溢出效应。

查阅实证文献发现，研究人员特别关注以下三类广泛的社会经济影响。

（1）在一个地点投入大量的公共资金所产生的直接和间接经济效益，既包括施工阶段也包括运营阶段；

（2）设计、建造及装配该设施的承建商，以及将专业技术服务回售至该研究设施（或其他相关设施）的孵化企业，都会出现产业知识溢出效应；

（3）对当地经济影响和大型研究基础设施周围的高科技集群建设。

这三大类社会经济影响往往都可通过不同的方式方法进行评估。

1.4 评估财务与经济成果

绝大部分的经济影响评估都采用大致相同的方法，即评估者获取支出和就业数据，然后对这些历史数据进行投入-产出（IO）分析，来估计公共开支的直接和间接效益。IO 分析可使用国家或地区的正式 IO 表。

此类评估得出的经济系数通常介于 2 和 3 之间，也就是说，通过供应链和获得薪水的员工的个人消费，每 100 万英镑的公共开支，往往会在更广泛的经济领域产生额外的 200 万~300 万英镑的经济活动。

此类研究的广度和深度往往不同，但我们认为这只是反映了不同研究的研究思路的差异，而不是其研究方式存在问题。也有研究人员使用过其他新方法，如条件价值评估法，以实现用户价值的货币化或改善相关二手数据资料，如购买专利授权的植物新品种及相关商品的价格等。

这些研究的设计与其他政策领域内对各种经济影响评估的研究的设计相似。此类研究的主要缺陷在于，它们没有考虑资本增益、替代效应或机会成本，没有对它们进行调整，以确保最终的评估是对经济影响净值的公正评价。

1.5 评估创新成果

我们发现有 20 篇文献介绍的是通过大型研究基础设施取得的创新。定性研究是所有此类研究的基石：大多数情况下都使用案例研究方法，以得出研究基础设施和具体创新行为之间的特定关系。通常情况下，案例研究可以通过调研承建商或现有的孵化企业或产品的数据库（spinoff databases）开展，然后利用半结构式访谈结合文献研究的方法加以详细的分析，因此此类研究不仅涉及所有的利益相关方，还涉及合约用户。

广义上讲，虽然使用的研究方法可能类似，但研究范围却有所不同。只有少数研究采用的样本量非常大，足以代表整体，从而为总经济效应的评估奠定了基础[如欧洲核子研究组织（CERN）、美国国家航空航天局（NASA）]。

极少有研究对创新成果进行统计汇总，但是也有一些研究案例：如对大型强子对撞机（LHC）的高科技合同的一项调查得出的结论是，大约 40%的供应商能够利用这些经验，并在市场中推出新的产品或服务。NASA 的“2012 孵化产品”年度报告估计，2000~2012 年报道的 500 项左右的孵化产品已经产生了 50 亿美元的额外收入，而且已经实现高达 62 亿美元的成本费用节约。

这里，我们的方法论面临双重的挑战。首先，我们用于分析的大多数报告中仅研究了少数的案例，而且仅是简单介绍了这些案例与相关设施之间的关系；其次，在少数使用大量案例的研究中，也只是使用常用的分析框架或模板对这些案例进行了简单综合，基本没有提供支持的证据和相关的佐证。因此，过度夸大其效益的可能性是显而易见的，无论是单一案例还是整体的综合研究都存在这种可能。

1.6　评估集聚效应

我们发现只有 9 篇文献试图介绍大型研究基础设施的区域效应和集聚效应，包括事前评估和事后评估。文献同样包含了经济影响评估和案例研究。然而，这些研究几乎全部都是针对位于一个或两个地点的大型研究基础设施的大规模投资。

大多数报告都结合了对（当地）经济影响的定量分析及对知识溢出效应的定性调查。

对当地经济影响进行定量分析的方法与对重大投资进行的经济分析的常用方法类似，也就是，研究者获得了公共开支的数据，并利用 IO 模型对这些数据进行分析。通过此类分析，研究者可以就此获得适用于不同的时间区段的全球公认的对当地直接、间接及引致的经济影响的估计值。在某些情况下，为了方便起见，作者可以选择简单地套用标准的 IO 系数，而不是通过一个国家或地区设置的 IO 表来追踪或为个人消费建模。

定性研究更加广泛地使用在捕捉协同定位的企业、孵化产品或外来投资的增长等方面。这些报告都使用了案例研究的方法。这些研究的深度可能不同，但大多数并不深入：描述相关业务，之后用几句话简要介绍相关业务与该设施之间的关系。

没有一份报告仔细研究过对更广泛的创新生态系统的影响，或对主要新技术或行业的贡献。我们所回顾的文献中对研究基础设施（RI）效益这方面并没有过多的描述，这表明一项明显的、潜在的、独特的社会经济贡献尚未进行充分的研究，而且公众对其的了解也非常有限。

1.7　关于进一步发展与未来研究的说明

总的来说，这一领域的研究和创新政策仍然是一项正在进行的工作，对于改进评估大型研究基础设施效益的方法的呼吁，我们还没看到正面的回应。

然而，最紧迫的挑战不是方法本身，而是执行影响力评估的分析人员必须熟悉评估研究基础设施的工具和技术。在实践中，最大的挑战来自文化层面。这些重大研究基础设施几乎从来没有被评估过，这或许就是需要开始改变的地方：要做更多的社会经济效益评估。我们对研究基础设施的调查表明，应该对基础设施进行更多的评估。相应地，在进行评估的时候，需要评估范围更大的规范，不能仅仅局限于对支出和地区系数的简单分析，并且对创新、新市场和地区集群的影响都需要更密切的调研。

接下来，我们将推荐几种做法让英国商业、创新与技能部（BIS）考虑，同时我们也承认，每一种做法都意味着额外的工作和成本，有些可能不是目前的财务状况能立即实现的。

（1）创建 BIS-STFC 联合工作组，来监督研究基础设施相关的评估实践的发展。

（2）改进大型研究基础设施的数据基础设施：①就英国重要的研究基础设施清单达成一致意见，并接触其各自的“所有者”，以鼓励这些组织改进他们的数据基础设施；②继续充实可获得的供应商和用户的元数据数量；③如果这些机构能够创建信息系统，识别知识溢出效应并获取影响更广泛的例子，那就更好了。

（3）进行一系列的社会经济效益评估，从而扩大参考资料存量，并更普遍地发展评估实践：①对已有（运营 10 年以上）的重大研究基础设施进行（事后）评估；②详细调研主要研究基础设施对当地创新生态系统和地区集群所起的作用或所做的贡献；③跟踪并详细记录主要研究基础设施对重要商业形态和新兴部门的出现所起的作用或所做的贡献；④详细记录大科学和科技资金的投入对创新所做的贡献。

2. 导　　论

2.1　关于本报告

本报告展示了一项探讨大型研究基础设施和创新之间关系的研究结果。这是一份供科学和创新分析人员及设施所有者使用的参考性文档，本报告针对创新成果的评价方法提出建议，同时介绍了之前的一些评价案例。

2.2　研 究 目 的

本报告旨在详细记录大型研究基础设施与创新绩效之间关系的现状。它有三个目的，如下所示。

（1）总结英国对科学研究基础设施的投入力度，以及这些投资的性质或规模的变化趋势；

（2）回顾“大科学”设施对创新模式和成果有直接和间接影响的文献和证据；

（3）探索并分析将来可用于研究科学投资在创新和增长中所起作用的可能研究方向。

2.3　总 体 方 法

经过大量的文献综述和文献研究，我们完成了这份报告，其中包括涉及访问关键利益相关者的小范围定性研究的半结构化方法。具体而言，我们进行了下列工作。

（1）进行了资料调研，分析了英国对研究基础设施进行投资的时间序列数据，并以对关键创始人和机构的访问资料作为补充，以便于描述和解释英国建设投入的性质和强度；

（2）利用最近的几个关于研究基础设施的研究项目来盘点英国主要研究基础设施，虽然它还不是一份完整的清单，但是可以由 BIS 或 STFC 进行进一步的补充、扩展；

（3）研究文献，确认并整合关于“大科学”设施创新模式和成果的学术文献和灰色文献[①]中的重要信息。我们的元分析很认真地分析了现有的方法和评估措施，并找出了关键差距和优缺点；

（4）对单个评估报告中给出的案例分析进行研究，解释了这些评估报告中使用的评估方法和与创新相关的发现。

2.4　报告的结构

报告分六个主要章节呈现。

（1）英国的科技投入与研究基础设施概述；

（2）关于大科学与创新的文献研究；

（3）关于经济影响的实证文献研究；

（4）关于创新成果的实证文献研究；

（5）关于集聚效应的实证文献研究；

（6）未来可能研究方向的概述。

我们在附录中列出了所有基础研究材料和相关分析。

① 灰色文献（gray literature），一般指非公开出版的文献。灰色文献品种繁多，包括非公开出版的政府文献、学位论文，不公开发行的会议文献、科技报告、技术档案，不对外发行的企业文件、企业产品资料、贸易文件（包括产品说明书、相关机构印发的动态信息资料）和工作文件，未刊登稿件及内部刊物、交换资料、赠阅资料等。

3. 英国的科技投入与研究基础设施

3.1 “大科学设施”

研究主要集中在大型研究基础设施的创新成果评估方法上，而不是更为普遍的研究设备上。

关于（大型）研究基础设施的定义有许多，它们通常都是围绕着一个核心，即对于我们从事前沿研究并提升对世界的理解，必不可少的、具有复杂技术的高成本设备和基础设施。①在英国研究理事会的资本投资战略框架中，对这一概念进行了详细论述。②

大型研究基础设施是研究设施或“科学工具”的重要类别，它们具有一流的先进设备和与基础设施相关的庞大的、技能熟练的支持团队和服务，且投资巨大。在这里，定语“大型”非常重要，因为这些“大型”研究基础设施通常被理解为规模大到即使是大型的科研机构，也只能承担 1~2 台（或者可能只能与其他科研机构合作），而且它们的规模或能力被认为是支持新一轮前沿研究所必需的，可能会推动我们对整个世界的理解。

大型研究基础设施通常会被认为是位于某个固定单一场所内的设施，如粒子加速器或望远镜等，然而人们逐渐认识到，大型研究基础设施的类型越发多样化。如果我们看一下越来越多的国家研究基础设施路线图③，很明显可以看

---

① 例如，欧洲委员会的研究基础设施网页上声称，“研究基础设施”指的是科学团体在他们各自的领域内用于进行高水平研究的设施、资源和相关服务，这些领域从社会科学到天文学、基因组学和纳米技术都有。

② 参见 Investing for Growth：Capital Infrastructure for the 21st Century，RCUK Strategic Framework for Capital Investment（2012）。

③ 在欧洲研究基础设施战略论坛（ESFRI）的网站（ec.europa.eu/research/infrastructures）上可以找到欧洲和几个国家路线图的例子。英国的路线图是 2012 年 11 月份公布的，题目为“投资增长：21 世纪的重大基础设施”，它被广泛称为 RCUK 的资本投资战略框架，它替代了“大型研究基础设施路线图”（2010）。

到，大型研究基础设施的定义已经远远超越了固定在某一场所的大型设施，还包括许多实体上分散的研究资源，如超高速通信网络及大量的数据或实体对象。

尽管对研究基础设施进行完善分类已经超出了我们的研究范畴，但是，我们确实感觉到，与虚拟的研究设施相比，单址设施支持创新的方式会有所不同。表 3-1 将研究基础设施简单地分为四类。

表 3-1　研究设施的分类

设施的种类	描述
单址设施	单址设施指位于某个固定地点的研究基础设施或复杂相连的机器设备组合。例如，CERN[①]的 LHC 就是一个单址设施的例子，但是它也是一个比较复杂的加速器的一部分，加速器还包括超质子同步加速器（SPS）和 ISOLDE 同位素分离器
分布式设施	分布式设施指的是一组分散于不同地点的工具或设备，它们作为一个整体设施进行操作，尽管单个组成部分不能构成大型研究基础设施，但其作为一个整体网络就构成大型研究基础设施。射电望远镜是其中的一个很好的例子，相互连接在一起的望远镜阵列，比任何一个单独的望远镜都能让天文学家获得更高的分辨率（如能够发现被观察对象的更多细节）。 SKA 射电望远镜将这种分布式理念发展到一个新水平，该阵列中有近 3000 个连接在一起（在陆地上）的单个望远镜，其灵敏度将比世界上现有（截至 2012 年）的设备高出 50 倍。 有时通信网络也会被认为是分布式设施。例如，GÉANT 是一种把各国的研究和教育网络（例如，英国的 JANET）连接在一起的泛欧洲通讯网络，以此提高不同国家研究人员之间的合作。GÉANT 可以让用户以高达 100 Gbps（网络核心为 500 Gbps）的速度传输数据。GÉANT 从一开始就大力参与未来的网络研究，像运营商级的网络技术、光交换、联合网络架构及虚拟化
移动设施	移动设施（如科考船、飞行器或卫星）包括一个或多个可以被移动或被运输的设备。也就是说，研究对象是非常大的（如地球），或者非常遥远（如南极），或可随意移动的（如人口）。欧洲航天局（ESA）的先进沿轨道扫描辐射仪（AATSR）（与九个其他仪器一起）搭载环境卫星围绕地球运行，提供关于海表温度（SST）的精确数据，供环境科学家研究气候变化所用。英国环境研究理事会的研究船，James Cook 号和 Discovery 号皇家研究船，都是移动设施的例子，前者是于 2007 年 2 月开始使用，成本为 4000 万英镑，两种仪器都被多学科科学团队用于执行海洋科学考察
虚拟设施	虚拟设施可让科学家通过互联网或一些其他通讯网络远程访问研究仪器或大数据（如 JANET，高等教育部门的高速宽带通讯网络）。英国经济和社会数据服务（ESDS）正是这样一个例子，其中服务供应商可以为用户提供专属接口，来访问无数的定性和定量数据组合（如大量的政府调查和纵向研究），这些数据组合是由英国两所大学的四个独立的中心提供支持和维护。ESDS 设施集成了这些单个机构工具集和数据集，为用户提供统一的服务，资源存储对用户而言是透明的。 实体设施在某些方面也在逐渐变成虚拟设施。例如，国家历史博物馆有许多在一个地方或多个地方展示或存储的藏品，它们中的许多藏品都被数字化，帮助学者或感兴趣的公众实现远程访问，并可供多人同时使用。泰特美术馆（Tate Gallery）或大英博物馆（British Museum）就是以类似的方式运营，都提供实体和虚拟访问方式，公众均可通过它们进行全球独一无二藏品的观赏

资料来源：Technopolis

我们在文献回顾中使用了这种分类法，由于我们找到的大多数文献都是关于单址设施的社会经济效益，因此这种分类对于我们的研究而言收效甚微。但是从这里

① http：//public. web. cern. ch/public/Welcome. html。

也可以看到，文献研究还没有跟上现在研究基础设施类型多样化发展的速度。

3.2 研究基础设施建设投入综述

为了在特定的背景下进行合理分析，我们研究了英国的总体科学预算及其中的大型研究基础设施建设投入比例的发展情况。

2010 年 12 月，BIS 发布了 2011/2012~2014/2015 财年 ASRF 报告，公布了科研预算。报告称，研究基础设施建设的投入在科学预算中只占一小部分，但是是非常重要的部分。英国研究基础设施建设的投入预算在 2011/2012 年度大概为 5.15 亿英镑，约占科学预算的 12%。

在 2010 年开支审查（SR10）之后产生了各种不同的财务活动，都表明实际的支出远远超出了科学预算的资金投入。在预算中准确定位这些财务活动及它们预期的未来支出是很困难的，但是，在 BIS 经济学家的帮助下，我们努力做到了这一点。附录中（附表 2）给出了 SR10 的经费预算和预期的其他财务支出。新的数据非常重要，例如，如果 2014/2015 年度的 5.17 亿英镑的预算拨款由于各种额外财务活动的支出而增加的话，最终的数字将会超过 10 亿英镑，是其预算的两倍。

为了本次研究，我们对 ASRF 报告进行了更详细的分析。表 3-2 是从 ASRF 报告（2010）中直接摘出来的，它显示了 2011/2012~2014/2015 财年各个研究理事会和四个地区 HEI 资助委员会的预算支出。

表 3-2 科学预算中的研究基础设施建设的投入资金

机构名称	2010/2011（基线年）（千英镑）	2011/2012（千英镑）	2012/2013（千英镑）	2013/2014（千英镑）	2014/2015（千英镑）	合计（千英镑）	2014/2015 财年预算与基线年预算的比值（%）
研究理事会	393 438	239 821	199 393	181 430	180 967	801 611	46
艺术与人文科学研究理事会（AHRC）	3150	0	0	0	0	0	0
生物技术与生物科学研究理事会（BBSRC）	66 480	38 000	29 700	29 700	29 700	127 100	45
工程与自然科学研究理事会（EPSRC）	49 261	31 000	35 000	25 000	25 000	116 000	51

续表

委员会	2010/2011（基线年）（千英镑）	2011/2012（千英镑）	2012/2013（千英镑）	2013/2014（千英镑）	2014/2015（千英镑）	合计（千英镑）	2014/2015 财年预算与基线年预算的比值（%）
经济与社会研究理事会（ESRC）	20 600	18 700	13 700	12 700	12 700	57 800	62
医学研究理事会（MRC）	134 517	33 000	29 000	31 000	31 000	124 000	23
自然环境研究理事会（NERC）	34 183	32 200	17 800	17 800	17 800	85 600	52
STFC：核心项目	—	19 630	21 981	14 237	14 169	70 017	—
STFC：跨理事会设施	85 247	21 070	21 919	22 463	22 931	88 383	76
STFC-国际资助	—	46 221	30 293	28 530	27 667	132 711	—
大型研究基础设施基金	103 380	115 279	61 307	47 769	128 132	352 487	124
UKSA	19 000	19 000	19 000	19 000	19 000	76 000	100
HEI 英格兰高等教育基金委员会 (HEFCE)	166 952	75 170	90 970	90 160	101 500	357 800	60
HEI 英格兰研究基金	158 420	53 199	64 377	63 810	71 831	253 217	45
HEI 苏格兰研究基金	23 622	8620	10 431	10 339	11 639	41 029	49
HEI 威尔士研究基金	6031	2113	2557	2535	2854	10 059	47
HEI 北爱尔兰研究基金	1778	798	965	957	1 077	3797	60
合计	872 621	514 000	449 000	416 000	517 000	1 896 000	59

资料来源：Allocation of Science and Research Funding 2011/12 to 2014/15，BIS，2010

主要预算包括七个研究理事会和四个地区资助委员会各自的资金经费预算。[①]在 ASRF 报告中，每一个机构都有一个单独的章节，提供更详细的资助说明。

对于不同资助委员会的经费预算的说明是非常有必要的，因为它们在规模和目标方面都不一样，而这些特殊性可能会影响他们各自的“创新影响途径”和恰当的评估战略。

研究理事会的经费预算用于资助其研究机构和大学中的研究设施的扩建和

① STFC 是例外，有三个预算渠道，反映了它在为英国管理一系列国际科学组织（如 CERN）和跨国委员会设施提供资助时所起到的广泛作用。在这些设施中，大部分都为各种不同的科学社团服务。

翻新。这些基金有助于保障这些国家卓越中心进行高质量的研究。委员会使用各种方法确定它们各自的预算，但通常会围绕一个典型的商业案例展开，其下属的机构需要准备一份科学和经济方面的评估供研究理事会质询时参考。

各种 HEI 基金都是为了确保大学能够拥有大量高质量的与研究相关的建筑、设备和基础设施，来进行卓越的研究。HEI 基金是根据每个研究机构从各个研究委员会（项目/拨款经费）和资助委员会（竞争性经费）获得的研究经费的比例来进行匹配的。大学的资助经费额度通常不到百万英镑量级。

UKSA 的经费预算与各个研究理事会的预算具有类似的倾向，并反映了其职能从一个协调机构（英国国家空间中心）向一个新的英国国家航空航天局（位于史云顿），以及一系列相关研究中心（位于哈维尔）的转变。例如，英国国际空间创新中心（ISIC）是利用公共和私有资金联合创建的，其中大概有 2500 万英镑来自英国政府。2012 年，ISIC 与 ESA 英国办事处合并，由技术战略理事会资助，创建了新的卫星应用发射中心。这些投入是建立在英国卢瑟福·阿普尔顿实验室（RAL）空间研究中心长期以来的成就之上的，有利于巩固英国哈维尔的“空间集群”。① 2010 年英国公布的《空间创新与增长战略》是这些投资的重要触发因素。②该战略指出，英国拥有全球空间应用市场 6%的份额，并且有能力进行正确的投资，而政府的支持可以使这一数字达到 10%。根据未来 20 年的市场发展预测，这将在 2030 年为英国经济创造 10 万个额外的工作机会。

LFCF 为英国现有的或正在开发的大型研究基础设施（如 DLS、ISIS、SKA）提供资金支持。其主要目的是为了让英国保持前沿研究的领先地位，但是也有一部分 LFCF 项目为商业用户提供服务。每个项目都投入数千万英镑，投资决策是与具体的商业案例紧密联系的。

对这些不同经费预算的评估一直都非常有限，但大学科学研究投资基金

---

① 在 NERC 的帮助下，STFC 的 RAL 的空间部利用其卫星导航技术在监测空间天气和评估来自欧洲全球导航系统 Galileo 的信号方面发挥了根本性的作用。根据 2012 年的《STFC 影响力报告》，在英国的 GDP 中，受 GPS 影响的部分大概占 7%。GPS 大大提高了其航空业务的效率，利用 GPS 减少延误和降低排放，每年可为航空行业节约 16 亿英镑。报告还称，2011~2020 年，卫星导航行业预计可以为英国经济产生 14.5 亿英镑的增值价值。这些数据来自牛津经济研究院撰写的名为《英国物理研究的经济影响力：卫星导航案例研究》（2012）的经济影响力评估报告。

② 增加的投入预计将为英国带来短期收益，ESA 先进通信系统研究（ARTES）管理着 2 亿英镑的资金，推动了该计划从荷兰的欧洲空间研究和技术中心（ESTEC）向牛津哈维尔科学中心的转变。在英国为 ESA 增加的年度经费中，有一大部分都被投到 ARTES 计划中（英国将成为 ARTES 中投入最多的国家）。目前的 ARTES 管理团队大概有 100 人，预期其中的一半人都会从诺德伟克（Noordwijk）转向欣欣向荣的牛津郡，其余的人会从 ESA 成员国中招聘。流动不太可能产生全新的工作岗位，但是这些欧洲科学家和工程师的加入会增强哈维尔的技能组合和创新生态系统。

（SRIF2，SRIF3）的评估是个例外。两次 SRIF 评估都要将学术效益和更广泛的社会影响力，包括创新等因素考虑进来。从方法上来看，它们都使用了案例研究（来说明具体的成果）和描述统计来揭示经费投入从多大程度上提高了研究质量和行业参与性。

研究理事会采用基于指标的方法（如《年度影响力报告》），而且并没有打算对资金投入计划进行全方位的评估。这反映了每个投入经费（项目）的高度可变性，然而在这些资助项目中，有些项目正要接受明确的评估，因为它在某种程度上是由 BIS 的利益促成的（作为联合投资的回报）。①

英国民用航空计划已经接受了三次评估（2001 年、2004 年和 2008 年），目的是估算公共投资在评估期间所产生的净经济效益。研究也采用了案例研究的方法来探讨具体的创新和孵化产品，还进行了小范围研究，来跟踪国家太空计划对英国的行业绩效和国际竞争力方面的纵向效应。这三次评估都没有考虑 BNSC 的投资项目。

经费预算并没有对新建或升级大型研究基础设施（LRF）所产生的支出和对研究场所或设备上的小额投资加以区分。但是，如果我们把 LFCF、UKSA 和 STFC 国际合作部分的总预算作为大科学投入的替代指标，这三种预算加起来占 5.15 亿英镑经费预算的 35%，即 1.8 亿英镑。

英国一直将其年度科技预算的 10%~20%投资于各种科技计划，而对大型研究基础设施的经费投入占总科技经费预算的 30%左右。

表 3-2 右侧一栏表明，经费预算是动态变化的，LFCF 在这段期间的经费投入有明显增长（124%），而其他预算额度则有所削减。

与上一年度高达 8.72 亿英镑的经费预算相比，2011/2012 年度经费预算削减了 40%左右，而且在截至 2013/2014 的两年内进一步削减到 4 亿英镑左右，在 2014/2015 年恢复到 5.17 亿英镑。同期内，科学预算的比例没有发生变化。

在此期间，研究理事会经费预算削减幅度最大的项目，额度大约减少一半。大学的经费预算在 2011/2012 年度也有所削减，到 2014/2015 年度会有所回升。经费预算的第三个部分，LFCF 在 2012/2013 年度持平的，在 2014/2015 年度增加。这与过去十年中的趋势正好相反，过去十年间，大型研究基础设施的经

① 例如，在 2012 年，BBSRC 对其巴布拉汉姆科学园价值 4400 万英镑的扩建进行了评估，明确表达出了对设施的知名度和声誉、租用情况、就业情况及创新行为的量化改进。在我们写本报告的时候，上述研究报告尚未公布。

费预算绝对值从 1999/2000 年度的 1700 万英镑增长了四倍，同时，从占科学预算的 12%左右增长到 17%左右。估计现在占 10%左右。

尽管总体的削减可以反映出公共预算的普遍压力，值得注意的是，每年的经费预算本来就比稳定支持经费更具有可变性。例如，历史上，经费预算的增长很大部分都是由于需要通过基础设施联合基金（JIF）和 SRIF 来弥补大学里对研究设施长期投资不足的情况。这种补充措施一直很成功，因此，目前的基本建设投资（CIF）基金只需要很少的预算。自 1999/2000 年度以来，研究理事会的经费投入有类似的增长，用以支持研究机构中各种设施的升级和功能扩展。

通过 LCFC 和 UKSA，目前的经费预算被重新集中用于大型研究基础设施，这个变动的一部分原因是：政府要推动先进科学以提升科学所能推动的经济增长。当然，正如英国卫生部（DH）对英国 MRC 的投资，经费投入的动态调整并不妨碍对科技基础设施的一次性投资。

读者应该已经注意到，在 SR10 之后的这段期间发生的各种财务活动（附表 2），表明科学预算中的经费配置可能很大程度上低估了最终的支出。例如，如果 2014/2015 年度的 5.17 亿英镑的预算分配因为各种其他财务活动的额外支出而增加的话，最终的数字将会超过 10 亿英镑，是当前预算的两倍。综合考虑付现条件和通胀原因，合计金额要高于 2010/2011 年度的预算。

3.3 研究基础设施存量

我们希望了解英国的大型研究基础设施的清单，以便掌握它的规模和范围，以及在学科或设施类型方面的明显趋势。

关于整个英国的研究设施，现在还没有一个明确的清单，但是我们可以利用欧盟资助的项目——MERIL 项目（其报告于 2012 年年底公布），来盘点整个欧盟的研究基础设施。[①]数据库收录的科技基础设施的基本标准：研究设施的提议者和 MERIL 团队判定为具有国家或欧洲科学意义的研究基础设施，这是对大型研究基础设施的一种合理表述（正是我们所关注的）。

① FP7 项目和 MERIL 项目是由欧洲科学基金会（ESF）发起的，得到了英国，尤其是 Peter Fletcher 博士（STFC）和 James Hough 教授（格拉斯哥大学）的大力支持。项目汇编了相当广泛的研究基础设施，收集了关于 2400 套设施的描述性数据，涉及所有学科，其中有 18 种是位于英国的。截至 2012 年 9 月，可通过交互在线门户公开获取信息。

MERIL 数据库仍在建设中，它支持在线访问，为我们快速整理当前设施的完整清单提供了一个良好的开端。当然关于研究基础设施定义的相关问题始终存在，我们最终的清单只能被看做是其中一部分，并且是可更新的。但是，有了这 221 条记录，它就成了一个非常有用的平台，可以初步查看目前研究基础设施的基本情况。这个清单一直被以一种适当的数字格式记录着，在必要的时候可以升级和扩展，这将是非常有用的。

MERIL 数据库对所有研究基础设施都按照八个科学领域进行了分类，但是大部分设施都只标注了一个分类（标注其主要所属科学领域），尽管这些设施可以被应用于多种学科。表 3-3 列出了根据主要科学领域分布的设施，并对其按设施数量进行排序。尽管这只是对设施数量的一种简单计数（没有涉及设施的规模或质量），但此次分析至少弄清了英国在每个学科（从自然科学到物理科学，甚至艺术类），都拥有多个国际级或国家级的设施。

表 3-3　按主要科学领域划分的研究设施的分布

主要科学领域	存量（个）	比例（%）
地球与环境科学	54	24
物理学、天文学、天体物理学和数学	47	21
生物与医学科学	44	20
化学与材料科学	24	11
人文与艺术	16	7
社会科学	15	7
工程与能源	13	6
信息科学与技术	8	4
合计	221	100

资料来源：Elaboration by Technopolis of output PrePared by MERIL Project Team，2012

我们利用自己的分类方式为每一条记录加上标签，表 3-4 给出了类型分布的结果，单址设施在所有类别中占据优势地位。

表 3-4　按研究基础设施类型划分的英国设施的分布

设施类型	比例（%）
单址设施	48
虚拟设施	19
移动设施	16
文献资料与数据银行	10
分布式设施	7

不管是从建设费用还是从用户数量的角度，我们曾经希望数据库可以包括建设的时间和相关活动规模的信息。但大多数设施并没有记录这些信息，因此我们不能研究发展变化的趋势。我们非常期望看到随时间变化的学科融合，从物理科学到自然科学，到社会科学再到人力资源。我们还期望看到设施类型的变化发展，向更具分布式设施和 e-科学网络发展。这种分析将需要大量的时间和资源才能完成，但它有可能会成为博士论文的新颖选题。更具可行性的是，后续的研究可以考虑将来自大型研究基础设施投资基金的申请/资助的信息作为演化分析的参考点。

附录 C 列出了 221 项研究基础设施，以表格的形式给出了设施名称，还有相关科学领域及设施类型的相关信息。

4. “大科学”与创新

4.1 “大科学”与创新之间的关系

“大科学”与创新之间的关系会在政策研究文献中予以讨论，但没有像讨论公共研究的社会利益那么普遍。在涉及此类研究的论文中，大多数论文都包括了实证研究，详细阐述了特定设施所取得的成效，几乎没有系统地涉及理论问题的文献。

下面是一些提供了理论综述的人和参考资料的清单。其中提到的所有论文都可以免费下载。

（1）赫尔辛基理工大学（Helsinki University of Technology）Erkko Autio 教授和他同事发表的论文，是最有启发意义的工作之一。[①]尽管这些论文主要阐述的是 CERN 和供应商通过技术采购获得的行业知识溢出效应，但它们确实已经包括一些很好的说明和概念框架。

（2）隆德（Lund）研究政策学院（瑞典）的 Olof Hallonsten 与他人共同撰写了许多大家认可的理论性论文[②]和案例研究，包括最近发表在《科学和公共政策》杂志中的“大科学政策”的某些章节（第 39 卷，4 期，2012 年 8 月）。

（3）Giancarlo Lauto 和 Finn Valentin 在 DRUID 2012 年会上提交了的一篇论文，分析了美国橡树岭国家一实验室的研究人员与美国和国际上的其他研究人员之间的合作研究情况。[③]它显示了国际网络的集中性，以及商业用户或商业

①参见 Erkko Autio, Ari-Pekka Hameri and Olli Vuola, A framework of industrial knowledge spillovers in big-science centers, Research Policy, vol 33 (January 2004), 107-126。

② Impacts of Large-Scale Research Facilities — A Socio-Economic Analysis, Research Policy Institute, Lund University, Olof Hallonsten, Mats Benner, and Gustav Holmberg, August 2004。

③ How Large Scale Research Facilities Connect to Global Research, Giancarlo Lauto and Finn Valentin, DRUID 2012 Conference, Copenhagen。

合作伙伴的日益重要性。

（4）在灰色文献中，Technopolis 进行了几次文献综述，试图从科学和社会的角度来解释大型研究基础设施的作用。最近的一次工作是 2011 年受荷兰政府委托所做的。

还有一个研究群体正在不断扩大，他们关注的是大型研究基础设施的社会效益，这些议题通常出现在研究基础设施工作组的会议上。欧洲国家研究基础设施协会（ERF）2012 年的研讨会就是一个很好的例子。“研究基础设施的社会经济相关性”研讨会在德国汉堡的国家同步加速器研究中心举办。其项目和论文都可在线下载（erf.desy.de/workshop）。欧洲科学基金会（ESF）的研究基础设施论坛是评议研究基础设施的附加价值及评估需求的另一个好的方式。①

图 4-1 旨在把文献中讨论的利益类型全部整合在一起；它改编自 Technopolis 为荷兰政府评估大型研究基础设施的作用而做的一幅图。

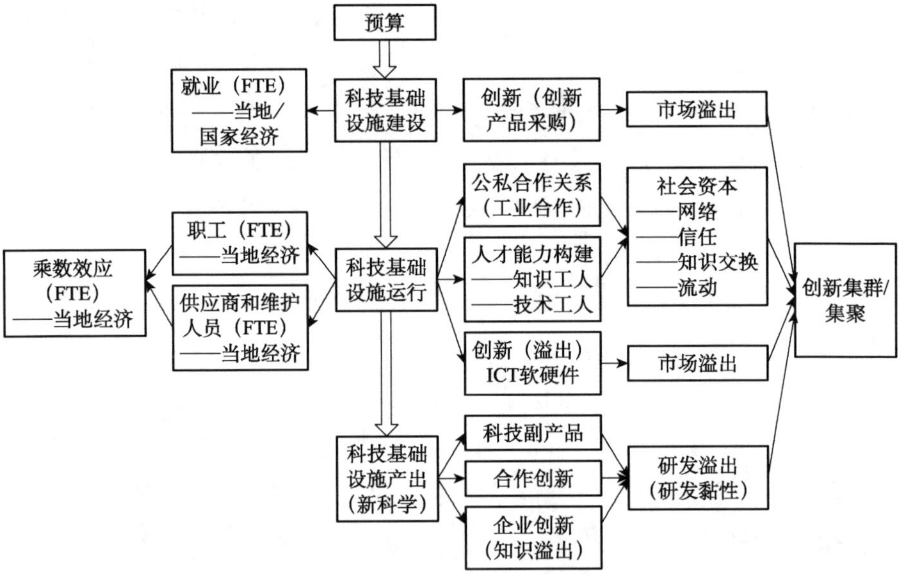

图 4-1　评估大型研究基础设施的社会和经济影响力的示意图

资料来源：Technopolis，2013

① http：//www.esf.org/activities/mo-fora/research-infrastructures. html。

这是一个各种 IO 模型的集合，在财务投入和设施所处生命周期的不同阶段与社会经济产出的主要类型之间建立了联系。其目的一方面是希望获取设施的建造和运营所产生的效益（如设备供应商中的技术转让）；另一方面是要获取由设施带来的先进科学所产生的效益（如从研究突破中得到知识溢出效应）。模型还包括一系列更广泛的效应，从间接经济效益（如所得乘数），到社会资本（如不断增长的国际参与度）和行业集聚效应等。它是非常综合的，表 4-1 和表 4-2 以一种简单的表格形式体现了其核心理念。

表 4-1　研究基础设施在生命周期各阶段的直接社会影响力和间接社会影响力

间接经济效益	直接经济效益	活动	与创新有关的产出	直接经济影响	间接经济影响
乘数	技术服务的采购 就业（设计师/工程师）	设施的设计	服务创新（开拓市场/ 预采购）	额外销售额 额外就业	市场溢出效应 乘数
乘数	支出 就业（承包人/设备供应商）	建造	产品与服务创新（开拓市场/预采购）	额外销售额 额外就业	市场溢出效应 乘数
乘数	就业（设施职员） 采购（消费品、公用设备等）	运营	公共知识产权的商业化（如孵化企业） 专有研究和创新（非学术用户） 新分析技能（非学术用户） 区域集群，包括行业发展与外商直接投资（FDI） 前沿研究的知识溢出效应（科学突破）	额外销售额 额外就业	市场溢出效应 乘数

资料来源：Technopolis，2013

表 4-2　测度设计阶段的直接社会影响力和间接社会影响力的研究设计

间接经济效益	直接经济效益	活动	与创新有关的产出	直接经济影响	间接经济影响
乘数	技术服务的采购 就业（设计师/工程师）	设施的设计	服务创新（开拓市场/预采购）	额外销售额 额外就业	市场溢出效应 乘数
估计由采购设计和工程服务产生的经济活动扩张所带来的间接（引致）经济效益。 为此使用国家 IO 表，将“商业服务”作为采用相关乘数的替代初始值	使用管理报告来确定工程、设计和项目管理的采购价值（及员工的实物贡献）	描述关键工程和设计活动，谁在什么时候做了什么	调研所有的“设计”承包商，目的是调查这些工作对他们的服务产品组合所产生的影响（可能需要在不同的时间点上完成，例如，合同+1 年，+3 年，+5 年）。 努力识别所有的服务创新（部分根据设计合同的内容实现）	调研确定来源于每一种设施-设计创新（及任何相关就业）的额外年收入。 可能需要研究每一个案例，因为它们都很独特，不能抽样和汇总	调研每一种新的服务创新为用户产生额外利益的程度，这些额外利益无法通过研究市场价格而全部获得。 将通用的经济乘数用到国家 IO 表中

4.2　设施的生命周期与创新意义

我们的影响力模型假定大型研究基础设施在其生命周期的每一个阶段都会产生不同类型的创新成果：设计和建设阶段、运营和使用阶段，以及退役阶段。假定设施的运营也会产生创新机会，它们与传统的利用设施或其服务进行的研究工作所产生的孵化产品和溢出效应是不同的。

下面从这四个不同功能的角度列出了我们阅读的概念文献和实证文献。我们在表 4-3 和表 4-4 中总结了要点。

表 4-3　大型科学基础设施每个阶段的创新成果表

	活动描述	创新驱动力	创新成果
设计与建造（新建或升级）	• 设计和调试工作会带来高价值技术服务的购买 • 建造和安装工作会带来各种高价值系统和仪器的购买，其中有些可能会涉及与目前工艺相比的技术创新或其他进步	• 开拓市场/用户引致的创新，支持创造可以卖给第三方的新产品或服务	• 可以卖给第三方并成为新经济部门的发展基础的下一代新设备、新仪器和新系统 • 新的设计方法和服务
运营与维护	• 通常，设施是由具有高度专业化技能的专门组织来运营的 • 这样的组织可以是公有的，也可以是私有的，或者二者合作 • 运营也会涉及对专业化技术服务和材料的不断购买 • 运营的规模也会产生当地的集聚效应，会衍生出专业供应商和其他公司，共同利用不断产生的购买力和更广泛的生态系统	• 运营设施可以推动供应方面的创新（例如，实验室在整体或部分的私有化，创造基于新设施的咨询服务等） • 设施可能需要当地的高科技支持，再加上广告效应，可产生进一步的投资和 FDI（产生当地集聚效应）	• 服务公司可能会将新的设施管理服务不断地转给第三方，从而产生新的销售和就业 • 可以被出售给第三方的新的分析或技术咨询服务 • 创建新公司来接管某些高价值服务（由相关实验室购买）的供应，这些服务可以在更大范围内使用 • 专业制造商和供应商的新集群或集群的扩张
设施的使用	• 对设施的使用可以完成其他情况下无法完成的研究，从而促进理解，创建新工具或方法，还有可能创建新的数据组合	• 基于研究的新知识和新数据进一步加强特定知识产权和直接技术创新的产生 • 公共领域中基于研究的新知识和数据有助于产生知识溢出效应和间接创新 • 行业用户能够直接使用现代化设施，从而支持或增强了他们的专有创新活动	• 将特定的知识产权出售给企业，以便于更好地将其推向市场，支持公共部门知识产权的商业化 • 利用从这些研究中产生的特定知识产权创建新公司 • 通过使用设施而产生的新知识，可能会产生专有创新 • 通过应用公共研究成果中含有的新知识，可能会产生产品和流程创新

表 4-4　按设施类别划分的创新成果表

	设计与建造（新建或升级）	运营与维护	使用
单址设施	• 对先进设备和工程的需求可以为技术领域的产品和服务创新（非常专业化的）提供强大的平台	• 通过后台操作的合理化和外包实现服务供应的创新 • 集聚效应，吸引海外技术中心的协同定位和可能的外部投入	• 科研用户占主导地位，因此创新是受主要领域的知识溢出效应和科研产生的知识产权产品的商业化驱动的 • 通过私有部门的需求授权私有部门使用，这可能会对创新产生更直接的影响（但是私有部门更有可能基于收费的考虑使用以前的设施）
分布式设施	• 通常具有新的系统架构、先进的通信方式和高性能的分析，但是可能需要利用更成熟的技术（观察/测量）	• 服务方式的创新是有可能的，尤其是围绕使用和服务模式（如生物银行的国际网络）	• 科研用户占主导地位，因此创新途径是科研知识产权和知识溢出效应
移动设施	• 设施本身很有可能成为经过验证的技术平台，然而，研究和其他测量手段对于人们而言通常是新的，可能会成为用户产生创新的来源	• 服务创新是可能的，尤其是围绕融资和使用模式 • 集聚效应不那么明显，尽管科考船和飞船在它们的基地需要大量的基础设施	• 以科研和机构用户的使用为主，但其数据流通常是与其他数据或研究活动结合在一起的，因此创新影响力最有可能通过知识溢出效应来实现
虚拟设施	• 可能会成为软件工程（数据库管理）、网络、数据挖掘运算法则，以及先进的通讯等创新的强大驱动力	• 非常有可能推动服务创新，但是在更广泛的应用方面却很有限（作为一种商业模型）。其公共设施服务可能是跟随信息服务的创新，而不是领导创新 • 不太可能产生集聚效应（通常比经常接待来访研究人员的单址设施占有更少的空间）	• 大型数据组合的非独占使用意味着设施可以服务于更多的用户，不管是公共部门还是私有部门的，而且有可能引发更多领域的创新 • 然而，如果设施或信息在较大范围内使用强度都偏低，那么对国家创新的总体影响就与单点设施相差无几 • 通过主要几个数据中心实现多种数据集的集成，并提高访问量，可以降低公共研究系统的节约，提高用户的生产率

4.2.1　规划、设计与建设

规划过程通常会比较长，因为提案要经过广泛的咨询，涉及多个利益相关者，同时还要阐明监管条款、风险评估、技术规范及大量与环保和安全标准有关的其他调查工作。在规划阶段，还要形成资助联盟。概要设计和规划流程通常会花 5 年的时间，而设计和建设大型研究基础设施直到运营，通常会花上 10 年左右的时间。①

① 顺便举一个例子，由欧洲南部观测站建设的 39 米的欧洲极大望远镜（E-ELT），其亮度为现有望远镜的 15 倍。E-ELT 的基本设计研究花了 2 年时间，随后又花了 3 年的时间进行详细的设计研究，预算为 5700 万欧元，调动了整个欧洲的行业和学术团队来回答初步设计中遇到的问题，即如何在合理的成本和风险范围内建设这个创新性望远镜，同时又能满足科学团队的苛刻要求。

大型研究基础设施的规划和设计需要深厚的科学和技术知识，包括学术研究和行业领域。规划和设计大型设施需要大量的智力投入，这样的性质使得大型研究基础设施的科学投资与其他研究支出有所不同。

Carr 将这些设施称为“现代科学的教堂”[①]，它们是技术和设备市场的一个主要组成部分。

通常，新的设备或工具在市场上是没有的，因此不能通过“现货供应”采购。科学家通常与工业界合作，来证明他们所设想的大多数设备具有可行性和功能性。因此，这个阶段涉及对新技术的密集开发，推动着技术前沿的发展。

一旦可行性得到验证，就会与行业供应商签署合同，设计、制造和装配设施和科学仪器。这是一项委托性的工作，设施要进行最后的成功责任（风险）测试，给行业留下获得先进知识和专业技能的空间，且要没有相关的商业开发风险。这为私有企业提供了大量进一步发展其研发能力的机会。

建筑物和平台建设经常会涉及很多公司，从岩土工程到钢铁组装。尽管许多采购过程都会进行国际招标，但可以合理地认为，建设工作还是更加有利于当地的公司[②]。当然，也并不是全都这样，例如，伦敦建筑师 BFLS（Bogle，Flanagan，Lawrence and Silver）就赢得了设计世界上最强激光器的合同，极端光基础设施（ELI）位于捷克共和国，价值 2.5 亿英镑。

大量科学仪器和相应技术的开发，从磁铁到反光镜，即使没有形成巨大的市场平台，也都预期可以产生极大的技术推动。大家认为 Eric von Hippel 是让世人注意到用户在推动科学仪器创新中是起关键性作用的那个人，他的论文阐述了从 1993 年开始的 100 多个案例，在这些案例中，科学家和制造商合作共同为特定项目制造新仪器或改进仪器的性能，为随后更广泛的销售或新的生产线的建立提供平台[③]。剑桥商业研究中心的 David Connell 撰写了一篇文章，文章论述了科学作为技术开发和创新市场的主要力量，并讲述了许多吸引人的故事，从牛津仪器到 Cisco 及美国斯坦福实验室的起源[④]。这些故事并不都是完全

① Carr, G. 2002. The myth-makers. Economist，47-49。

② Olof Hallonsten et al, How expensive is Big Science?Consequences of using simple publication counts in performance assessment of large scientific facilities, Scientometrics (2014) 100: 483-496。

③ Eric Von Hippel, "The dominant role of users in the scientific instrument innovation process," Research Policy 22.2 (1993): 103-104。

④ Connell, D. (2010) Scientists are Customers too: How the SBRI can Help Research Councils drive Economic Growth, NESTA, Provocation, May 2010。

意义上大科学的故事，实际上，很多研究基础设施对研发重大新研究仪器和技术的相对重要性仍存在争议①。

作为一个考虑商业潜力的指标，2009 的调研工作估计欧洲过去 30 年建设的研究基础设施成本大概为 300 亿欧元②。还有另一个例子，CERN 建造 LHC 的预算是近 50 亿瑞士法郎，而 ESO 建造 E-ELT 的预算是 10 亿欧元③。英国的国家同步加速器 DLS 在第 1 阶段和第 2 阶段的建造成本是 3.83 亿英镑，第 3 阶段（截至 2017 年）的建设又投入了 1 亿英镑。

4.2.2 运营、维护与升级

一旦设施完成建造，通常还需要配备大量的操作和运维人员，其中许多人都是高技能型的科学家和工程师，帮助来访的科学家和其他研究用户设置试验或者提供技术支持。

在许多情况下，研究设施可以为私有部门提供许多重要机会，从常规服务（如餐饮业）到专业服务（如校准服务）。私有公司充分利用了公共部门的外包服务，使自己服务设施的管理能力实现多样化，从而为科学设施提供更多专业化的管理支持。SERCO 集团可能是英国最著名的公司，它为 BIS 运营着国家物理实验室，还管理着原子武器研究所（与 Lockheed Martin 和 Jacobs 一起）和国家核实验室（与曼彻斯特大学一起）。据报道，公共服务的市场化催生了各种组织创新，并帮助英国企业开拓了在英国本土和国际的新市场和收入来源。④

CERN 每年的个人购买达数百万欧元，因此运营成本会非常大。例如，在 2011 年，CERN 的预算是 11.6 亿瑞士法郎，其中大部分都花在了设施的运行上，如工资和能源消耗等，然而，年报称实验室还在采购各种产品和服务，因

① 与“小科学”相比，美国超导超级对撞机(SSC) 为核磁共振成像（MRI）的开发所作贡献的公开讨论，见 Can big science claim credit for MRI? Science, 253(5025)：1204。

② 这个数字不包括当时尚在建设还未投入运营的设施［例如，ITER、ESS、国家可再生能源中心（NAREC）的大叶片测试设施（体型小很多）]，以及那些还无法估计建设成本的设施（如国家博物馆中无数的收藏品，或 ESA 的众多设施和卫星基础设施）。

③ 至 2013 年 3 月底，英国计划为 E-ELT 投资 8800 万英镑。那时，英国的行业已经从 E-ELT 获得了 900 万英镑的合同，预计，截至建造阶段结束时，委托工作的价值会增加 10 倍。若想获得更多信息，可访问：https：//www.gov.uk/government/news/uk- invests-88-million-in-world-s-largest-ever-optical-telescope。

④ Frank Hull, Bo Edvardsson and Chris Storey, “Customer and supplier involvement in new service development.” Involving Customers in New Service Development (2006): 281-312。

而对经济部门而言，仍然是非常具有吸引力的市场。

通常，随着新一代设备和仪器的出现，大型研究基础设施会不断扩建或升级，偶尔还会进行大翻修，这也会产生各种规划和设计工作，和相关新设施和设备的采购。更新和把新出现的科研成果融入设施中可能会涉及扩张或重大翻修，也就意味着规划、设计和安装都要重新进行一遍。例如，ISIS（英国世界一流的物理和生命科学研究中心之一，位于 RAL）最初预计会有 20 年的运营周期（1985~2005 年），但是，它不断地产生了一系列的翻修和进一步的投资，从而使它的运营周期又延长了 20 年。

4.2.3 使用与开发

大型研究基础设施传统上都是以公共科学为主，私有部门不属于投资评估的部分。

然而，创新和影响力的议题逐渐开始被广泛接受，即使像欧洲散裂中子源（ESS）这样相对受保护的空间和新设施，也明确表示要考虑工业应用。这个过程导致逐渐出现了“下一代国际设施”的概念，最初是作为学术和行业的研究资源出现。但是人们逐渐认识到用户参与的重要性，它可以减少大科学的巨大资金投入风险和进一步合理解释其各种高额成本的可行途径，即使是在研究过程中。

评估行业利用大科学设施和仪器的程度也有很大差异。对欧洲研究基础设施（ERID-Watch，2009）进行了广泛研究后发现，不同的设施的工业应用范围有很大不同。该研究认为，尽管有一少部分基础设施有比较大的使用比率，但典型的工业应用不到 10%：报告中给出使用率最高的四个行业的值是 30%~90%。实际数字有可能会更低！《中子源的未来应用》报告[研究理事会中心实验室理事会（CCLRC），2005]表明 ISIS 的商业（收费）应用还不到用户使用总天数的 1%。

STFC 关于达斯伯里实验室的同步辐射光源（SRS）的评估报告第 11 章（STFC，2010），给出了 SRS 在 20 年中的工业应用的数据。但要注意的是，工业应用可以是直接发生的，如设施的商业应用；也可以是间接发生的，如企业科学家为科研项目做出贡献。对于前者，用户按商业价格为使用光束线站支付费用，并保留数据和相关的知识产权，而且不需要用户公布结果。对于后者，企业合作者可能会拿走新知识并用于私人用途，但关键发现是要公开的。

SRS 报告表明，从 1997~2007 年的十年时间里，每年有 10~20 个商业客户，有 20~50 个是商业项目，共产生了大约 200 万英镑的收入。用户的行业类型多种多样，从汽车公司到大型制药公司都有，但是也包括（非工业性的）博物馆和研究所，事实上，最后这一组是数量最大的一类用户。

SRS 评估表明，通过与学术界的合作实现的间接工业应用，是一种重要的应用模式。评估利用与 SRS 有关的出版物的书目详细资料，找出行业的合著者，分析得出，行业合著者的数量与商业用户的数量一样多，或者更多。据报告，这些学术界与行业之间的合作已经产生了一些相当显著的社会和经济影响。例如，牛津大学与 Wellcome 公司联合（在它们与 Glaxo 公司合并之前）确定了口蹄疫病毒（FMDV）[①]的三维（3D）结构，为进一步改进疫苗奠定了基础，从而为牲畜和农民提供了预防这种可怕疾病的保护措施。[②]SRS 评估发现，企业应用（直接和间接加起来）在随时间增多。评估通过把所有非学术用户清单与 2008 年研发计分板中的数据进行对比，强调了实验室在全国企业中的重要作用，并且发现，在英国上市的公司中，有近乎一半的公司在过去 20 年中的某个时间曾经使用过 SRS。

企业对大科学设施的使用导致产生了一些由设施提供的新服务类型，从而提供了一些额外收入（例如，SRS 的账户表明，在它 1997~2007 年的收入中，有 200 万英镑来自对企业的服务）。[③]另外，ISIS 报告称，行业客户每 24 小时约支付 1.8 万英镑来使用设施（SQW，2009）。为企业提供服务还可以识别出联合研发项目的潜在合作者，以及设施所产生知识产权的未来客户。

这也适用于虚拟设施。例如，欧洲生物信息研究所（EBI）的“行业计划”，该计划着力推动了针对企业具有相对重要性的研究，提供专家培训，开发

---

① Acharya R, Fry E, Stuart D, Fox G, Rowlands D, Brown F. The three-dimensional structure of foot-and-mouth disease virus at 2.9 A resolution. Nature，1989 Feb 23;337(6209):709-716。

② FMDV 是牲畜的主要杀手；它在 2001 年的爆发估计导致直接损失 84 亿英镑。

③ SRS 市场研究表明，企业用户在进行实验和分析时通常需要支持，这样就会产生合成材料描述服务的需求［“达斯伯里分析研究和技术服务”(DARTS)］，以便于为企业提供延伸服务。一段时间过后，服务就积累了由 62 个商业（企业）客户和 15 个按光束线站使用时间付款的学术机构构成的数据库。SRS 团队推出了几项其他地方都没有的创新咨询服务，包括设施代理服务，该项服务可以用于证明关键专利的有效性（STFC，2010）。

生物信息学标准，帮助其合伙人进行技术开发，并提供常规的供需联系机会。每个会员每年支付 3.2 万英镑的费用，每年可以对接四次，并为他们的员工组织座谈会（如果有位置，其他个人、学术界等也都可以参加座谈会）。企业合伙人包括生物技术、制药、农业、营养学、个人护理和医疗装置等行业的大型跨国公司。另外，为了响应来自中小企业（SME）界的要求，EBI 在 2002 年推出了“SME 支持论坛”，该论坛提供对接机会、专家教学、通过合作进行技术开发的机会、咨询和优先帮助服务等。会员可以临时加入该论坛，只需支付所使用服务的费用即可，它的会员范围广泛，从药物研发、生物技术创业企业到生物信息学服务供应商都有（SQW，2009）。

4.2.4 退役

最后，当研究基础设施无须再翻修和延期时，研究基础设施就需要退役了。我们发现，关于这个生命周期阶段的基础设施的信息非常少，也就是说没有对此进行系统的研究。不过，STFC 已经公布了关于 SRS 退役工程的情况（2011），给出了这类设备被再循环利用的信息。①

（1）大部分最新的光束线站设备被拆卸下来，运往其他地方，像 DLS、ANKA 和 SESAME 等，重新提供服务。

（2）许多其他的部件也被循环利用，在达斯伯里的其他地方发挥了很好的作用，而其他设备组件则被存放起来，以备将来使用。这个过程需要一个很仔细的评估和资产管理的办法，将公共资金早期投资的回报实现最大化。

（3）同样重要的是要保留重要文档，并准确记录设施在整个生命周期内所产生的影响力。一项重要的工作就是将大量的论文和日志进行分类，并找到一个永久的地方来存放它们。SRS 的关键存档文件都被捐给曼彻斯特科学工业博物馆（MOSI），以支持曼彻斯特革新展览馆的建设。与档案资料一起的还有几件科学设备，包括光束线站 16.5 和光束线站 2.3 的部分组件。来自光束线站 2.3 的部件，一个高分辨率的粉末衍射站，也在展览馆中展出。②

① http：//www.stfc.ac.uk/astec/34625.aspx。
② http：//insidethem60.journallocal.co.uk/2011/05/04/mosi-documents-shine-light-on-daresbury-research/。

4.3 对创新的实质性贡献

正如之前所说，理论研究的文献非常有限，相对于更为普遍的公共研究，几乎没有研究大型科学研究基础设施所做独特贡献的文献。

从创新的角度来看，大型研究基础设施与公共部门的研究是不同的，因为它们会购买或研发在技术上更先进的设备和系统。尽管这种用户引致的创新在各个层次上都有可能发生，但是大科学项目的规模和密集程度显然能为更富野心的开发工作和更具颠覆性的技术开发提供平台。新技术的试用会引发更广泛的创新活动，承包商可以在其他相关市场中销售由此产生的新产品和服务。

如前所述，还有一些其他的影响途径，但不像资金投入或用户引致的创新方面那么清楚。

（1）它们是独一无二（或罕见）的研究工具，能够提出新的研究问题，并提高在理解方面实现突破的可能性，而且这样的见解可能会有深远的社会影响力；

（2）它们提供对专有设备、数据的使用或为越来越多样化的用户提供服务，包括越来越多地与学术群体合作，或者从事专门的研究和创新；

（3）一方面，它们可以为当地科学家和工程师群体提供一个聚焦点；另一方面，也为高价值、高技术服务公司提供一个聚焦点。这些集聚效应可以帮助产生新的集群，或者加强创新生态系统。

在阅读了概念性材料，并讨论了不同类型的设施在其生命周期的不同阶段所产生的不同影响之后，我们开始转向研究实证性文献，并很快掌握了相关情况。根据过去的研究，研究基础设施评估文献实际上只涉及了两种或三种社会利益。

（1）在这些设施上投入的大量公共资金所产生的经济影响力；

（2）供应和开发建造和运营设施所需的先进技术的专业承包商实现的知识溢出效应和衍生产品；

（3）在一个地方投入的大量的建设（和运营、维护）支出对当地产生的经济影响，以及大量来访研究人员和当地专业供应商（包括孵化企业），带来的集聚效应。

下面三章内容介绍了我们从实证文献中总结出的三种现象，特别总结了评估报告中所采用的方法。

5. 评估财务与经济成果

5.1 简　　介

本章我们会讨论实证文献中所提到的测度大型研究基础设施所产生的经济影响的方法。

大多数文献关注的重点是对这些设施进行的大量公共投资（建设和运维）所带来的效益，及其对经济的广泛影响；从严格的意义上讲，这不是一种创新成果，但是，它是大多数关于大型研究基础设施的评估文献的基石。

在接下来的两章中，我们要研究创新成果的测度方法和集聚效应。

5.2 研究与评估的数据来源

我们利用了 16 篇已发表的报告，这些报告测度了具体研究基础设施所带来的经济利益。

表 5-1 列出了 16 篇报告的作者和题目，还有对其总体方法的描述，并筛选出其尤其值得注意的特征，并加以说明。虽然这里的描述相当概括①，但是我们在附录中对所有关键参考资料中的方法进行了更加深入的分析。

① 在 16 篇报告中，大概有一半报告阐述了创新成果或地区集聚效应，以及经济影响力，而且，这部分报告也出现在了后面两章中相应的书目中。我们在努力获得与所讨论的影响力类型相关的方面，而不是简单地重复这些报告中这三方面的内容。

表 5-1 测度研究基础设施经济影响力的报告（研究/评估）列表

年份	作者	标题	采用的评估方法说明
2002	Alpe-Conchy，D.	欧洲 ITER 研究（公共经济研究所）	ITER 的事前经济评估（2002）详细合理地分解了设施 13 年里实际的和计划的建设购买活动，并应用到 ITER 间接和引致的经济影响评估中。作者将成分分析引入法国国民经济核算中，利用 IO 分析方法和乘数，并根据特定区域的特征对方法进行了改进
2011	巴特尔技术合作实践组织	HGP 经济影响	HGP 的经济影响研究（巴特尔技术合作实践组织，2011）——是一项覆盖时间较长（1988~2010 年）的全面研究，是一个测度经济活动效益（包括直接的、间接的和引致的影响力）的良好实践
1993	英国内阁办公室	国际研究基础设施的本地经济影响	SQW 受英国政府委托，在对本地大型研究基础设施成本效率进行实证研究的基础上，对比研究英国仅作为成员国角色简单支持的设施的经济影响。重点研究 JET、CERN、ESRF 和 ILL。 报告指出，根据对这四个机构的分析表明，研究基础设施 40%~70%的支出都使本地经济受益，但是也不能全面反映考虑全面就业和替代效应的净影响力。报告假定有来自其他成员国税收的正向转移。对于供应产品和服务的企业，会有技术转移，技能发展及直接的销售收入
2010	CBRE 咨询公司	伯克利实验室经济影响研究（2010 年，3 月）	报告分析和评估了实验室对加利福尼亚州直接、间接和引致的经济影响。报告中清楚地解释了其方法论，但它是利用美国的 IO 表得到乘数。它包括对 30 个新创公司（2009 年创造了 2393 个全时职位）的直接和间接效益的分析，这些公司是从 1990 年以来的 20 年里创办的
2012	Charles Beagrie 有限公司和维多利亚大学 CSES	ESDS 的经济影响评估	报告评估了英国 ESDS 的经济影响，ESDS 是英国的国际研究数据中心，由经济和社会研究理事会资助，分布运行在几个大学里（分布式设施）。 报告应用了一系列的方法研究 ESDS 数据和服务的经济价值和效益：从测度投入和使用的直接经济影响，到利用更加复杂的方法，包括采用陈述偏好技术进行的条件估值，福利方法评估消费者盈余，和宏观经济的建模方法研究数据采集和存储方面投入的回报
2009	戴德梁行（DTZ）	JIC 的经济影响评估	评估经济影响的方法和其他报告一致：它计算了中心的年收入和支出，并利用 IO 乘数计算间接和引致的经济影响，发现 3000 万英镑的投入为英国产生了 9000 万英镑的经济价值。 报告很好地解释了如何为一个研究机构的突破性研究进行估值，例如，JIC 负责建立的原始矮小麦种子库在 20 年里（1986~2006 年）贡献了全球小麦产量增长量的 50%。在英国产生了 7500 万英镑的经济影响，对世界的经济影响是 34 亿英镑。JIC 孵化的企业从事艰难梭菌的解决方案的研究，获得惠康基金会 300 万英镑的资助，并希望获得高回报的研究成果。每年防止 6400 人死于艰难梭菌，约为社会节约 2 亿英镑。 报告还评估了英国合作研究（JIC 参与）的经济价值，每年节约工业成本约 250 万英镑，其市场价值估计约 520 万英镑。DTZ 还对比 JIC 每年 800 万英镑的研发投入，综合考虑了 JIC 的四个孵化企业的工业活动的年销售额（280 万英镑）。DTZ 还分析了 JIC 知识产权转让许可的收入，2009 年是 17.1 万英镑，其他市场价值要看未来 30~40 年 JIC 知识产权的许可收入

续表

年份	作者	标题	采用的评估方法说明
2009	Ecorys	荷兰超节点的经济影响	这是一个荷兰政府 e-科学计划（4500 万欧元，2008~2011 年）的事前经济评估，它估计了荷兰计划投资的直接和间接的经济影响，以及利用现有参数将毛利润调整为净利润
2009	弗劳恩霍夫系统与创新研究所（ISI）	生物银行经济影响的案例研究	报告对德国 2002 年建立的生物银行进行了案例研究，分析了其科学性，以及它与其他生物银行和生物医药研究所的联系。包括收集其建设和运营成本的信息，生物银行研究合同收入的信息，以及依托生物银行的 3 个孵化企业的情况
2004	Hallonsten、Benner 和 Holmberg	大型研究基础设施的影响力：社会经济影响分析（2004）	报告通过大范围讨论大型研究基础设施的潜在经济效益分析了 ESS 对当地可能产生的社会经济影响，这是一个事前评估案例
2009	Lindström，C. 等	ESS 对区域发展的影响（2009）	本报告也是一个事前评估，评估了 ESS 未来可能对所在城市、地区和国家所产生的经济影响。主要分析的是后续的投入和直接的人员雇佣所产生的经济影响。分析加入了国内研发总支出（GERD）和全要素生产率（TFP）的预期影响，但只是估计了预期的研发支出增长的宏观经济影响
2009	MK 咨询公司	TRIUMF 的经济社会影响	报告分析了 TRIUMF 分别在有加拿大 6000 万投资和没有投资的情况下，对不列颠哥伦比亚省未来 5 年的经济影响。它与伯克利实验室的评估一致，利用已有的省级 IO 表和乘数考虑了直接、间接和引致经济影响（根据 TRIUMF 的经济活动特点进行了加权）。报告简要地讨论了创新，但是其论据主要是“核研究集群”的一系列的简短商业案例和相关就业情况
2007	Pung Caroline、Ann Clarke 和 Laurie Patten	大英图书馆（BL）的经济影响评估	报告分析了大英图书馆的经济影响，它不仅仅是一个研究基础设施，还是 AHRC 下属的一个独立运行机构，参与欧盟的研究基础设施项目。大英图书馆有大量世界闻名的独有馆藏，支持了一系列学术和公共研究。 报告并没有特别关注研究型的用户，它利用条件估值的方法量化了愿意付费的用户和潜在用户的情况。和英国 ESDS 的评估采用了相同的方法，图书馆从一个角度来讲也可以看做是一个数据中心
2008	SQW	英国大型研究基础设施对当地的经济影响	报告分析了英国的 5 个主要大型研究基础设施对英国的经济影响（SRS、DLS、ISIS 等）。分析方法围绕研究基础设施的支出和就业的经济分析，估计了对当地总的产出和就业影响
2010	STFC	新的光科学：达斯伯里同步辐射的社会经济影响（1981~2008 年）	报告通过投入成本和就业的相关指标阐释了对当地和国家的经济影响。还利用 SRS 的支出（包括建设和运行）作为其整个生命周期的输入参数分析了其间接和引致的经济影响，这是一个事后的经济影响评估
2005	Triarii	ESTEC 对荷兰的贡献：最终报告	较为笼统地分析了 ESTEC 的支出对荷兰经济的贡献，报告特别关注了对荷兰航空航天工业的经济影响
2003	欧洲研究基础设施战略论坛（ESFRI）：中子设施工作组	欧洲中子科学的中长期前景	本报告是一个事前影响评估。由中子设施工作组对欧洲的中子科学的未来发展设立了 3 个情景，并进行了分析，涉及现有设施的扩建（ILL 和 ISI）及新设施的建设（ESS）

研究报告包括了对英国研究基础设施及国际研究基础设施的研究。大多数研究报告都是研究单址设施对经济的影响，只有少数几项研究了其他类型的设施所产生的效益：研究资源（如英国图书馆）、虚拟研究设施（如 ESDS），以及分布式设施[如人类基因组计划（HGP）]。

这些报告使用了不同的方法来测度不同类型的经济影响。我们把观察到的经济影响分为以下几类：①对经济活动的影响——包括直接、间接和引致的经济影响；②对用户的经济影响。其中三份研究报告是测度这些经济影响的很好的例子。

（1）一个国家实验室。伯克利实验室的经济影响力研究（2010 年由 CBRE 咨询公司完成）——使用一种稳定的方法，全面评估了旧金山湾区的九个县郡的间接和引致经济影响。研究为不同区域范围的影响力评价做出了很有价值的贡献。在研究直接经济影响时，它调研了与实验室有关联的 30 个孵化公司。为了估计影响力水平，研究使用了基于 IO 技术中的一种稳定的方法——规划影响分析工具包（IMPLAN）。该模型设计的相对自动化，这样伯克利实验室每年都可以输入其最新的财务年度数据，对经济影响力的评估进行更新。

（2）一项国际“大科学”计划。HGP 的经济影响力研究（Battelle Technology Partnership Practice，2011）是一项全面综合的研究，涵盖项目实施的全部 23 年（1988~2010 年）。该项目是测度 HGP 的经济活动所产生效益（包括直接、间接和引致影响）的良好实践案例。直接经济影响的估计不仅包括 HGP 的实际支出对国家经济所产生的影响（正如文中所提的大多数报告一样），而且还包括随后美国对主要基因组科学计划的研究投资的影响，以及对围绕基因组学的行业部门经济活动的影响。除了直接经济影响之外，研究还通过计算供应商后续的支出，以及他们的员工在整体经济中的支出，并使用 IO 方法来计算 HGP 投资对美国经济的回报，从而量化了这些活动的间接和引致经济影响（或称涟漪效应）。

（3）一个数据中心。ESDS 的经济影响力评估是 2012 年由 Charles Beagrie 有限公司和维多利亚大学的战略经济研究中心（CSES）联合进行的，评估由大型研究基础设施提供的数据和服务对用户产生的经济价值。为此，研究把许多方法结合在一起，以识别并评估 ESDS 为其用户带来的多种利益。研究从最基础的影响力（测度投入和使用价值）开始，然后转向更复杂的方法，包括条件估值和案例研究。

这些报告还总结了不同类型设施的重要特征、差异性及方法的适用性等。

5.3 经济成果

实证文献主要研究了以下几种类型的经济影响力。

（1）对经济活动的影响。这类研究可以被细分为以下几种。

1）测度直接经济影响。直接经济影响指的是负责设立和运营大型研究基础设施的组织或机构所进行的经济活动带来的影响。直接经济影响可以测度某一特定年的，也可以测度覆盖若干年时间范围的［如净现值（NPV）］。

2）测度间接经济影响和引致经济影响——涟漪效应。主要通过 IO 分析完成：①间接经济影响包括研究设施向供应商采购商品和材料所引发的一系列经济活动。它们也被称为“供应商影响”，其中涉及广泛的供应商，从专业仪器和主要外围产品的制造商，到清洁大型研究基础设施的保洁公司；②引致经济影响是设施运维人员的工资直接和间接的消费所产生的，这种支出几乎可以在所有的经济部门中创造额外的经济利益；③成本-收益分析。

（2）对用户的影响——尤其是那些以用户为导向而不是以研究为导向的设施（如资源或数据中心），主要通过应用条件估值法完成。

5.4 方法论

现有报告中评估大型研究基础设施的实际或潜在经济影响力的研究方法各不相同。而且，这些方法应用的专业程度和深度也不同。

现有的实证文献包括事后分析和事前分析。事后分析经济影响研究旨在提供特定设施对当地、区域和（或）国家经济所做贡献的量化分析，而事前分析研究则起到战略判断或规划的作用。

事前分析通常范围更广泛，因为它们的目的是识别所有领域未来潜在的利益，以便为投资评估提供决策信息，赢得投资机会。事前分析主要被用于评估投资提案，而且研究范围要比相应的事后分析更宽泛。这些研究会使用比较具有创新性的方法，来估计未来可能的经济成果，通常以专家判断为主要形式，辅以过去类似项目或机构研究的二手资料，以帮助他们确定要分析的应用领域的状态和规模。在许多案例中，这些影响力评估都在利用现有的经济模型，来估计不断增加的研究支出，或由创新导致的成本减小而可能产生的广泛影响。这些方法在全球环境安全监测（GMES）①领域得到很好的应用，他们开发了分析模型（如 FP6 Geobene 项目和 Felix 模型）。最近，低碳创新协调组（LCICG）②委托碳信托对从离岸风能到核能领域进行一系列的技术和创新需求评估（TINAs），他们使用了能源技术研究所（ETI）的 ESME 模型，来探索低碳能源系统中的技术变革对未来产生的潜在影响。③

为保证完整性，我们在事前影响评估中包括了参考资料，但并不推荐 BIS 在将来的研究基础设施评估中模仿这种分析和建模技术。

事后分析测度的是研究基础设施的实际效益。为了此次研究，也就是探索评估实际经济影响力的方法，我们将特别关注事后分析研究。如前所述，这些研究：①通过估计直接、间接和引致影响，测度对经济活动的影响；②测度对用户的经济影响。

（1）对经济活动的影响可以通过下列方式测度：估计直接经济影响，或者估计间接经济影响和引致经济影响。①直接经济影响通常指的是基于研究基础设施的工资支出和对商品和服务的采购支出，以及从设施财务记录中的支出结果的简单计数——在我们选取的 16 项研究中，有 4 项都采用这种方法对直接经济影响进行评估。②对间接经济影响和引致经济影响的估计通常是通过使用 IO 分析方法——在我们选取的 15 项研究中，有 8 项应用了 IO 技术来计算设施在经济中产生的广泛涟漪效应。

（2）对用户的经济影响都是通过条件估值方法进行的。条件估值被用于那些以用户为导向的设施，如 ESDS 和英国图书馆。在我们挑选的研究中，只有 2 项使用了这种方法。

① Socio-economic benefits analysis of GMES: main report (2006), prepared by Price Waterhoue Coopers with ESYS and DNV, for the European Space Agency。

② http：//www.lowcarboninnovation.co.uk/。

③ http：//www.eti.co.uk/technology_strategy/energy_systems_modelling_environment/。

5.4.1 测度对经济活动所产生影响的相关研究

1. 直接经济影响分析

在 15 项研究中，有 4 项研究选择将分析限于设施的直接经济影响。

（1）英国内阁办公室委托 SQW 公司[①]的研究（1993）考察了六个大型研究基础设施[欧洲联合环（JET）、CERN、欧洲同步辐射光源（ESRF）、劳厄-朗之万研究所（ILL）、RAL 和达斯伯里实验室]的直接经济影响，从合同和就业的角度，分别提供了大型研究基础设施所带来的经济效益的证据。研究将与本国签订的合同、给本国居民发放的工资，以及外国居民在本国的支出考虑在内，估计出每年流入该国的资金大概占年度设施预算的 40%~70%。

（2）ESTEC 对荷兰的经济影响的研究（Triarii，2005），对支出和政府拨款进行了分析，以确定 ESTEC 为荷兰带来的经济价值。研究给出了 ESTEC 支出和提供就业的数量，此外，它还通过比较荷兰对 ESA 的贡献与 ESA 在荷兰的支出，提供了对“公平回报”原则的宏观经济估计。值得注意的是，该研究还包括了来访者的支出，这是其他研究所没有的。报告得出的结论是，2000~2004 年，ESTEC 在荷兰的总支出比荷兰对 ESA 的投入高出 26 100 万欧元，荷兰企业获得的 ESA 合同的价值比其投入高出 2400 万欧元。

（3）对英国五种研究基础设施的评估（SQW，2008）研究了就业和支出的直接经济影响。考虑这些经济影响时，研究特别强调了对当地经济影响的分析——如职员和供应商的地域性。研究得出的结论是，设施对当地经济的直接影响非常大，主要来自为当地居民提供相对高报酬的就业，和与英国供应商签订的合同带来的回报。

（4）关于生物银行的研究（Fraunhofer，2009）包括生物银行的建造和运营成本的相关信息。

在 IO 分析中也对直接经济影响做出估计，因为对直接影响的估计是利用乘数或产生乘数来计算间接和引致影响的基础。下面对这些研究方法进行了解释。

2. IO 分析

IO 模型是一种量化的经济测度方法，它阐释了不同国家经济部门或地区经

① Segal Quince Wicksteed Limited。

济之间的相关性。首先它识别出给定经济活动供应链上包括的所有不同的行业，然后估计出给定时间段内在所有这些行业中流动的采购价值。通过建立 IO 矩阵/模型，确定经济乘数，乘数指的是为给定行业或经济活动投资 1 英镑（直接影响）而对整个国家经济的影响（间接和引致影响）。将不同的经济影响力与它们的相应乘数联系在一起——如就业乘数、收入乘数、附加值（GVA）乘数等。

这是一种高成本的分析，这里进行的大多数经济影响力评估都依赖于国家机构在之前的研究中估计的乘数。

这是用于评估间接和引致影响的最常见方法——在选取的 15 项研究中，有 5 项研究使用了 IO 方法。但是，IO 方法的应用程度是不一样的。有些研究会直接采用直接影响的估计值（如就业、支出、产出等），并通过应用从现有的部门、地区或国家的 IO 统计表中获得的乘数计算间接和引致影响。第二类研究，通过由地区或国家组织开发和保存的现有 IO 模型（如 IMPLAN 模型）运行直接影响的相关基础数据。这些模型通常有一些软件和数据工具加以辅助，可以根据研究基础设施的财务数据产生量化间接和引致影响的乘数。第三类研究是在不使用 IO 模型或现有乘数的情况下，独立计算间接和引致影响。选择这些方法很大程度上取决于评估资源的可获得性。

第一种方法是最容易实现的，因为 IO 乘数表很容易获得。此外，有些研究将评估限制于直接经济影响，对间接和引致影响估计的精确性保留看法。在我们筛选出的研究中，有 3 项的研究都利用现有的 IO 表进行了 IO 分析。

（1）由 STFC 委托进行的 SRS 评估（2010）利用 IO 方法测度了 SRS 在其建设和 28 年的运营周期内对当地/地区及整个英国所做出的直接经济贡献。研究提供了测度投资成本、就业和对当地经济影响的标准（占当地支出的百分比）。它还包括了事后的经济影响评估，运用 SRS 在整个生命周期中的支出（建设和运维资金）作为以国家统计数据为基础的间接和引致影响分析的输入。但是，研究假定总影响等同于净影响，没有做任何置换调整。

（2）加拿大粒子物理与核物理国家实验室（TRIUMF）（MMK 咨询公司，2009），位于加拿大不列颠哥伦比亚省的国家粒子和核物理实验室，使用了 IO 方法来估计 TRIUMF 对不列颠哥伦比亚省的经济所产生的直接、间接和引致经济影响。对直接影响的估计包括产出、GDP（国民生产总值）、就业和政府的财政影响（税收）。由于研究时间仓促，加拿大不列颠哥伦比亚省 IO 模型（BCIOM）分析使用的是已公开的省级经济乘数而不是实际的 TRIUMF 数据，但是它根据 TRIUMF 的活动对乘数进行了加权。结果显示实验室给该省带来了重大的经济影响，当然如果考虑专业技术和技能，影响范围可能分布得更广泛。该研究的主要目的是分析投入如此巨大的设施能够产生的潜在经济回报，估计了在两种情景下（扩建和不扩建）TRIUMF 未来运营能够产生的年度经济影响。

（3）国际热核聚变实验反应堆（ITER）核聚变研究设施的影响力事前分析评估（ITER，2002），在对建设和运营阶段，以及不同区域范围（地区、国家和全球）进行区分的前提下，考察了设施的直接、间接和引致影响。研究给出了经济部门提供的 ITER 采购商品和服务，以及人员支出的详细描述。在部门和财政支出的基础上，使用计算国家影响力的部门间 IO 矩阵，计算了生产和就业的经济影响力，计算地区影响力的时候也采用了同一个 IO 矩阵。研究发现，在建设阶段，ITER 直接推动了 37 个经济部门中 7 个部门的经济增长，而在应用阶段，推动了 18 个部门的经济增长。研究还发现，与建设阶段相比，设施使用阶段产生的地区范围的间接和引致效应（从生产和就业的增长来看），要比全国范围的影响更大。

有两个 IO 分析选择了第二种方法，通过现有的 IO 软件运行设施的数据。它需要额外的资源、技术和时间［例如，下面会介绍到的 IMPLAN（Impact Analysis for Planning）模型大约花费了 7 万美元，它的运算可靠程度依赖于地理范围的详细程度］。

伯克利实验室的 IO 分析（2010）量化了实验室的直接、间接和引致经济影响，主要是实验室对就业、工资和支出的影响。研究特别关注了实验室对地域的经济影响，详细区分了对当地、省份、地区和国家的影响。方法非常清楚，而且易于解释，对伯克利国家实验室的工资、购买和支出等的直接影响，以及在更大范围内再次支出产生的影响做出了估计。研究利用 IMPLAN 模型运行这些数据，计算间接和引致影响。该模型是由美国农业部开发的被广为接受的 IO 模型。IMPLAN 提供了一套软件系统，以及按地区划分的经济部门的数据，来计算其经济影响。间接和引致效应被综合考虑。结果表明，随着实验室成为就业和收入的催化剂，大多数经济影响都发生在当地。研究还使用同一模型，对

1990 年以来的 20 年时间里，由实验室研发的技术孵化出的 30 家新创企业的直接、间接和引致经济影响进行了分析。

（4）HGP 的研究（Battelle，2011）使用 IMPLAN 模型，对美国的公共支出总额（38 亿美元）、基因组研究支出[如由美国能源部（DOE）支出]，以及国家基因组行业的扩张应用了 IO 方法。研究提供了对美国“基因组项目和围绕基因组布局的相关行业”所产生经济影响的定量估计，评估人员构建了一个完整的数据库，包括了行业内从事相关业务的所有公司。另外，值得注意的是，IMPLAN 模型有内置的“通货膨胀指数”和“去通货膨胀指数”，可以分析 23 年的累积影响。最后，研究使用这些估计值计算了 HGP 给美国经济带来的投资回报率（ROI）。

第三种 IO 分析方法独立计算间接和引致影响，得出了自己的乘数。若要做好这类研究，需要深入而广泛地考虑设施支出的所有（市场、经济和技术等）的潜在影响，因此很少有人进行此类研究。即使有这类研究，它们也通常会得出偏颇的或言过其实的估计，导致产生一些不切实际的结果。约翰·英纳斯中心（JIC）的研究（2009）使用这种方法估计了直接、间接和引致经济影响。分析使用了供应商的支出数据来估计间接影响。引致经济影响是利用整个英国的平均消费指标数据，通过对直接和间接就业的家庭收入建模进行估计。

5.4.2 测度用户经济影响的相关研究

条件估值是指利用调查获得用户（实际的和潜在的）为某些项目进行支付的意愿。条件估值涉及根据偏好向非市场商品和服务分配货币价值。对于那些以用户为导向的设施，这种方法尤其有用，像数据中心或图书馆。2007 年对英国图书馆进行的一项研究，使用这种方法来证明从图书馆的使用中产生的效益。调查分别在图书馆的实际使用者、图书馆的远程用户，以及普通大众（潜在用户）中进行。此次研究得出结论，图书馆每年可产生 3.63 亿英镑的价值，是政府给它每年 8300 万英镑基础资助的 4.4 倍。此外，用户产生的直接价值是 5900 万英镑，给社会产生的间接价值是 3.04 亿英镑。

受 ESRC 委托进行的经济和社会数据服务（ESDS）的评估，也使用了条件估值来估计 ESDS 的研究数据对其用户创造的价值。除了支付意愿（WTP）外，还研究了用户由于使用 ESDS 的服务而使效率提高的情况，并对它们赋予了经济价值（如降低研究成本），还估计了随着数据使用的增长对数据采集和相关数据基础设施服务的投资回报的影响，考察了更广泛的经济利益和影响。研究发现，ESDS 每年可为其用户创造 1800 万英镑的净经济价值，每年为社会创造至少达 1 亿英镑的利益。ROI 估计在 1∶5.4（对 ESDS 每投入 1 英镑，可实现 5.40 英镑的价值）。

5.5 数据要求

从这些文献中，我们可以看到，测度大型研究基础设施的直接经济收益通常需要下列类型的数据。

（1）关于大型研究基础设施每年支出的数据。要按照不同功能，以及建设和运维支出进行细分。更完善的研究还要利用时间序列数据。

（2）关于各种不同来源/地点的外部采购数据。

（3）关于安排就业、工资、养老金、居住情况等的数据。

估计间接和引致影响通常会使用 IO 矩阵和乘数，或者使用 IO 工具包，利用它提供的软件和数据，让分析员获得它自己的乘数。

5.6 优势和不足

目前用于评估经济影响力的方法是比较先进的，有些方法已经经过了实践的验证和测试——尤其是关于事后分析的方法，像 IO 分析方法，或条件估值方法——只是它们的实施在深度和广度上有所不同。

英国财政部绿皮书（2003）提出对公共部门项目评估的有关要求，重点是经济上的合理性——需要通过合理的经济分析来支持提案，最好能通过成本收益分析进行评估。然而，我们并没有发现利用这种方法进行的大型研究基础设施方面的研究。项目投资的成本-收益分析（CBA）的方法指南是由欧盟委员会提供（2009）的。CBA 方法是为了避免成本过高或项目不适合的风险，因此它大多数时候都被用于事前分析。进行完整的成本-收益分析是一个长期且高成本的过程，需要考虑多个外部因素。实际上，大多数成本-收益分析都没有一个确切的成本和收益数值；但是，如果分析过程中忽略掉某些变量，就会产生很大的风险。因此，CBA 通常作为支持其他研究的补充分析，意味着组织需要付出额外的工作。我们没有找到利用 NPV 分析大型研究基础设施效益的案例。

在目前的研究中，没有充分评估一些关键的方面，因此还需要做进一步的数据收集工作。

（1）替代效应研究的是设施所产生的经济收益可能在其他经济活动中得到体现的程度。英国内阁办公室在对六个 LRF 的研究分析中，特别对这个问题进行了阐述，指出考虑东道国在赢得合同时净收益的重要性，指出只有当订单不会被东道国的其他公司的销售额所替代时，才能将其算作东道国的净收益。尽管研究没有量化经济替代效应，但它通过对供应商公司的调查分析了这个问题，并强调只有当设施产生的经济收益没有替代其他经济活动产生的经济收益时，才能将其算为净收益。然而，调查结果表明，由于合同的特殊性，供应商对市场和就业方面的影响似乎没有替代任何其他国内的经济活动。

（2）TRIUMF （2010）实验室进行的一项研究，也得出了关于机会成本的有趣结论，认为有些支出如果不用于研究设施而用于其他方面，也会产生经济影响力。在这方面，分析人员认为不应该把建设成本带入经济影响分析中，因为政府可以找到这些资金的替代用途。尽管其他可替代投资的影响会有所差异，但报告认为不可能完全测度日益增加且属于 TRIUMF 的建设支出所产生的所有经济影响。与之相对的评估是对运营成本的评估，随着投入不断增加，运营成本已经包括在经济影响力分析中——存在的争论是，由于设施的独特性质，政府投入很可能被用于其他目的，有可能支出在该地区以外。

（3）还需要收集与其他不同类型投资相关的贴现率数据和风险特征数据。

（4）短期、中期和长期。尽管在有些报告（英国内阁办公室，1993）中建议，收集数据时应区分短期、中期和长期，以及更具体的建设和运营阶段。但是，目前我们没有发现有相关的工作。要注意的是，替代效应很可能是由研究基础设施所处生命周期的阶段决定的。

（5）没有进行时间序列的研究。对经济长期影响的估计非常有限，这可能与没有进行长期的数据收集有关。对于经济影响的历史趋势研究非常少，但也有例外——我们发现为伯克利实验室所做的两次研究，把两个时间点（2005 年和 2009 年）的经济评估进行了比较。经过比较发现，实验室对经济的影响力有所提高——如支出。SRS 和 HGP 研究也覆盖了比较长的时间范围（分别为 28 年和 23 年）。

（6）理论上，经济影响评估应该估计反事实的情况——也就是，如果没有基础设施，会发生什么？反事实分析是一种评估具体干预的有效性的关键工具。然而，由于缺乏数据，我们在具体评估研究中很少看到反事实分析。也有两个例外，对反事实评估进行了部分阐述。其中一个是评估 ESDS 的经济影响（2012），它通过用户调查进行了部分反事实研究，在问卷中问用户如果 ESDS 不存在，他们是否将资金用于别处。另一个例外是对英国大型研究基础设施的经济影响的评估（SQW，2008），对会发生在英国的收益（和成本）进行反事实分析，其中不包括其他地区对设施的使用；不过，严格来讲，此次评估计并不完全，它主要依赖于对当地收益的估计。

（7）不同的受益群体需要不同的评估方法。但是，研究并不能明确界定受益群体，因此无法证明使用的评估方法是最适合某一类受益群体——不同的受益群体都需要数据的采集。

（8）使用指标和影响力测度标准来量化成本和收益数据。

5.7 结果和典型案例

我们发现了一些对经济影响进行综合考虑的尝试。下面给出了相关统计的清单。

（1）ESS 研究（2009）——假定 ESS 只影响周边区域，截至 2040 年（25 年的建设和运营时间）对斯科纳（Skåne）地区 GDP 的最低累积影响估计为 350 亿瑞典克朗（35 亿欧元）。最大影响估计为 3020 亿瑞典克朗（300 亿欧元）。

（2）SRS 研究（2010）——在 SRS 的生命周期内，直接支付给员工的工资总额是 2.2 亿英镑，SRS 的总的经济影响大概为 9.92 亿英镑，其中大部分都是对当地经济的影响。

（3）ESTEC 研究（2005）——每 1 欧元的投入为荷兰经济产生 3.4 欧元的回报。

（4）伯克利实验室研究（2010）——2009 年，伯克利实验室的每一个直接的全时研究人员可为美国贡献额外 3.3 个工作岗位。伯克利实验室在海湾地区的支出对当地经济产生的影响相当于它在 2005 年和 2009 年总支出的 72%。

（5）TRIUMF 研究（2009）—— TRIUMF 对加拿大经济综合影响的 90% 以上，都是在其研究基础设施和大多数职员所在的不列颠哥伦比亚省。TRIUMF 的核心运营估计每年可产生 9540 万美元的产出，为每年的总 GDP 贡献 5840 万美元，创造 832 个全时工作机会，以及为该省创造 570 万美元的年度收入。

（6）英国图书馆研究（2007）——图书馆每年可产生 3.63 亿英镑的价值，是它每年的政府资助基准 8300 万英镑的 4.4 倍。此外，为用户产生的直接价值是 5900 万英镑，给广大社会产生的间接价值是 3.04 亿英镑。

（7）ESDS 研究（2012）——ESDS 每年可为用户创造大概 1800 万英镑的净经济价值，每年至少为广大社会创造 1 亿英镑或更多的经济价值。ROI 估计在 1∶5.4。

（8）HGP 研究（2011）——1988~2010 年，HGP 及其相关的研究和行业活动，直接或间接在美国产生：①7960 亿美元的经济产出；②2440 亿美元的个人收入；③380 万/年的就业岗位。据判断，38 亿美元（按 2010 年的美元价值是 56 亿美元）的国家投入可产生 7960 亿美元或更多的经济产出。

5.8 未来对 BIS 评估研究基础设施的意义

目前的技术足以很好地量化直接经济影响，而且与 BIS 所建议的方法基本一致。对于间接和引致经济影响的量化也相当好，但是受限于 IO 数据的有限性和与 IO 分析有关的内在假设。

在经济影响范围方面，主要的测度差距在于二次效应，即知识溢出效应，在这些研究中只是偶尔涉猎，而且仅在单独的描述性案例中进行研究。CERN 和 NASA 的各种评估研究在这方面是做得最好的，因为它们对其“已知”的孵化企业的经济收益在全球范围内进行估计。我们选择的这些研究资料都没有试图为其他生产商或消费者估计更为普遍的知识溢出的经济价值。使用条件估值方法评估数据中心的工作影响力能获得更好的结果，但是，它与对设施数据或服务的使用直接相关，没有涉及这些数据可能产生的创新服务。

主要测度方法上的弱点在于影响的归属性和增益性，是评估研究多年来一直面临的挑战，常见于对所有影响类型的评估，而且并没有涉及反事实分析。

我们没有发现试图确定、量化和综合所有类型的经济效益的评估案例。我们认为，这反映了集成方法的应用范围会受到一定程度的限制。如果要应用经过修订的 CBA 方法，需要评估人员处理所有经典研发评估策略中面临的挑战：归属性、增益性、时序性，以及一系列从替代效应到机会成本的其他因素。在评估案例中，没有涉及反事实分析和总量与净值的调整。

SRS 评估只是一个涵盖所有社会和经济影响类别的例子，但研究并没有将它们综合起来考虑。

然而，即使是在现有的评估方法下，BIS 或 STFC 也应该有可能将评估做得更加完善。

尽管改进的成本-收益方法在头几次分析时可能需要消耗很多的成本和时间，但似乎更可行。上面提到的 IO 分析也运行得很好。需要进一步考虑二次影响，但这需要更多的研究设计，包括用户问卷调查、影响力案例研究和行业研究（还有关键的同行评议环节），以便于针对贡献的性质和任何无谓损耗或替代效应对评估结果进行控制和调整。

进行广泛的经济影响研究所需要的数据不一定全部来自大型研究基础设施本身。通常，基础设施还需要与商业部门和用户合作，来定义、收集并提炼所需要的数据。

选择适当评价方法进行评估的基础是必须对数据的质量进行严格控制。由于数据收集通常是劳动密集型的工作，而且成本极高，因此也需要仔细考虑从而选择可能成为利益相关者的对象作为调查目标。还有一点非常重要，在确定数据要求时，大型研究基础设施要与关键利益相关者（供应商、用户等）密切合作，将数据收集的成本降到最低。

6. 创 新 成 果

6.1 简　　介

本章我们将讨论测度大型研究基础设施所产生的创新成果的方法。

6.2 研究与评估的数据来源

表 6-1 列出了我们分析研究的英文版报告，它们记录了基于大型基础设施的可能创新成果。

表 6-1 测度研究基础设施经济影响力的报告（研究/评估）列表

年份	作者	标题	采用的评估方法说明
2004	Autio，E.，A.-P. Hameri 和 O. Vuola	大科学中心的工业知识溢出框架	这是一篇探索 CERN 的 LHC 所产生的创新成果的学术论文。它着眼于 3 个具体实例的商业化行为，如新建企业或帮助大的企业推出新的产品或开拓新的市场。 分析聚焦深入理解大型科技设施如何导致创新的发生。 分析没有针对特定机构，只是收集了一些关于创新和企业规模和成立时间的事实资料。也没有试图对有可能孵化为企业或商业化的技术进行评估和判断
2003	Autio，E.，M. Bianchi-Streit 和 A.-P Hameri	CERN 采购活动引发的技术转化和技术学习	这是一篇基于 CERN 采购活动分析技术学习和创新收益的学术性研究。 问卷调查了 154 个提供高附加值、高科技产品（五亿法郎）的供应商。 虽然研究没有尝试将可商业化的创新进行分类，也没有将实验室的整体效益进行综合处理，但是调查显示 38%的供应商由于承接 CERN 的合同而推出了新的产品。此项研究的结果在 CERN 的多次报告中被提及

续表

年份	作者	标题	采用的评估方法说明
1992	Bach 等	评估和管理孵化产品：以 ESA 项目的孵化产品为例	斯特拉斯堡第一大学的理论和应用经济学研究中心（BETA）组，评估了 ESA 合同孵化的企业和间接效益的影响力。在 BETA 的方法中，“孵化”是指 ESA 资助活动的内部溢出（承包商自己的机构中），并不是指向其他经济活动的外溢。研究方法的设计目的是不仅获得 ESA 资助对生产力和销售的影响，还要获得对商业组织方式、人力资本（技能和研究人员的临界数量），以及新的合作和网络的影响。他们的目标是尽可能获得 ESA 和承包商签订的合同的影响力。乔治华盛顿大学的 Henry Hertzfeld 使用类似的方法分析了 NASA 资助的生命科学研发项目的效益
1986	Bianchi-Streit，M. 等	CERN 经济副产物的量化分析	在 Schmied 1975 年和 Bianchi-Streit 1984 年进行的经济效用的分析的基础上，添加了一些数据将分析的时间序列延长到 1987 年
1984	Bianchi-Streit，M. 等	CERN 合同（二次研究）的经济效用分析	本次研究是 1975 年第一次经济效用分析的继续，再次估计了 CERN 高技术供应商在此期间的间接利益，得出了同样的结论：CERN 的投资发挥了非常积极的正面影响，除了高能物理学（HEP）外，还有 60%以上的领域受益
2000	Byckling，E.，A. -P. Hameri，T. Pettersson 和 H. Wenninger	CERN 孵化研究，以 TuoviWDM 为例	这是一个学术性研究，纵向深入研究了一个 CERN 项目的单个孵化产品。其重点阐述了 CERN 项目如何促进了网络工具的研发，并没有实质性的分析商业、规模和竞争力
2010	CBRE 咨询公司	伯克利实验室经济影响研究	报告分析了 30 个新创公司（2009 年创造了 2393 个全时职位）的直接和间接效益，这些公司是从 1990 年以来的 20 年里创办的。这是一个技术转化的成功案例，创造了 13000 个工作岗位，7 亿美元的收益
2005	CERN	CERN 向企业和社会的技术转化	报告提供了 CERN 在设计和运行过程中与其相关的孵化产品所产生的社会经济影响，但没有试图关注效益的规模和 CERN 的独特附加价值
2009	戴德梁行（DTZ）	JIC 的经济影响	JIC 孵化的企业从事艰难梭菌的解决方案的实施，获得惠康基金会 300 万英镑的资助，并对其寄予厚望。每年防止 6400 人死于艰难梭菌，为社会节约 2 亿英镑。这种类型的影子定价值得大家关注。 DTZ 还分析了 JIC4 个孵化企业的综合年收益（280 万英镑），已经与基于英国工业活动的 JIC 研发投入持平（800 万英镑）。DTZ 还给出了每年技术许可收入的数据，为 17.1 万英镑
2009	Fraunhofer	生物银行经济影响的案例研究	报告将 2002 年在德国建立的生物银行作为案例进行研究，介绍了其科学目标，以及与其他生物银行和生物医药研究所的联系。 包括生物银行的建设成本和运行成本的信息，委托研究的收入，以及简单介绍了 3 个生物银行的孵化公司
2009	MK 咨询公司	TRIUMF 的经济社会影响	报告简单讨论了创新，但是采用了大量简短的企业案例，和“核研究集群”创造的就业情况
2012	NASA	孵化产品 2012，NASA	NASA 的孵化计划办公室出版的年度报告（自 1976 年）给出了数千个孵化产品（使用了 NASA 技术的商业化的产品服务或流产，并为社会提供服务）。 构建了一个大约有 2000 个孵化案例研究的在线数据库。 社会经济效益的获取方式在不断更新，2012 年报告的摘要中首次综合估算了一系列 NASA 的孵化产品对于全球收入、成本节约、就业和生活水平的影响。报告没有详细说明这些估算值是如何得到的，但是却值得深入研究

续表

年份	作者	标题	采用的评估方法说明
1975	Schmied，H.	CERN 合同的经济效益研究	利用一个简单的方法估计了 CERN 合同额外的经济价值。 文章基于对 127 个公司 4 亿瑞郎的采购和 17 亿瑞郎的净收入或成本节约给出一系列利用率的估计，其值在 2（低温学）到 31（精密工程）变动。 估计了 1955 年到 1973 年，4 亿瑞郎的采购对欧洲工业总体产生了 9 亿瑞郎的经济影响，CERN 供应商的后续商业利益约为 50 亿瑞郎。 分拆了向高能物理项目和其他项目销售的比例（20∶80）。 文章采用反事实的研究思路，问企业如果没有 CERN 的合同，他们是否会及什么时候把相关的创新推向市场。这里没有考虑替代效应或者乘数
2010	STFC	新的光科学：达斯伯里同步辐射的社会经济影响（1981~2008 年）	报告覆盖了较大的研究范围，涉及社会和经济影响的方方面面，从诺贝尔奖到工业应用的统计到达斯伯里基于专利的企业孵化。 就创新方面的影响，这里主要使用案例进行说明。涉及 SRS 科学的知识溢出、来自供应商的新工具、产品和技术，以及孵化的产品和企业。 本文试图非常全面地进行研究，但这是不可能实现的。案例研究包括一些量化分析，但是由于案例太多了，最终只是轻描淡写地带了几笔，并没有将这些案例嵌入到任何一个成本-收益的分析中去。 本文还包括了一个事后经济影响评估，使用 SRS 整个生命周期的支出，包括建设和运营，作为 ONS-导出分析的输入估计间接和引致的经济影响。这里是假设总影响等于净影响，并且不考虑替代效应
2010	STFC	欧洲超大望远镜的影响	报告讨论了英国在建设和运行超大望远镜之后，可能的未来收益，主要关注了英国参与设计和工程研究方面的情况及约 2 亿英镑的合同收入。创新部分的阐述是通过 HEI 在天文领域的孵化企业进行案例说明，如 ZEEKO 公司

表 6-1 还包括了一些在之前表格（表 5-1）中的内容。表 5-1 列出的研究针对的是经济影响和创新成果两个方面。本报告的方法论部分也描述了创新成果的相关方面。在表 6-2 中，一些研究报告也重复出现了，该图表中还包括了涉及创新成果和高科技集群的研究报告。

表 6-2 测度研究基础设施区域/地区影响力的报告（研究/评估）列表

年份	作者	题目	方法说明
2002	Alpe-Conchy，D.	欧洲 ITER 研究（公共经济研究所）	ITER 的事前经济评估（2002）评估了不同区域范围的各种经济影响（包括地区的、国家的和国际的）
1993	英国内阁办公室	国际研究基础设施的本地经济影响	SQW 受英国政府委托，基于对英国作为主要成员国参与的本地大型基础设施的成本效率进行实证研究，同时对比研究英国仅作为成员国角色简单支持的设施。重点研究 JET、CERN、ESRF 和 ILL 等几个设施。 报告指出，根据对这四个机构的分析表明，40%~70%的支出都使本地经济受益，但是也不能全面反映考虑总体就业和替代效应的净影响力。这里假定有来自其他成员国税收的正向转移。对于供应企业，会有技术转移，技能发展及直接的销售收入

续表

年份	作者	题目	方法说明
2010	CBRE 咨询公司	伯克利实验室经济影响研究	报告分析和评估了 1990 年以来的 20 年里创办的 30 个新创公司（2009 年创造了 2393 个全时职位）的直接和间接效益。这是一个技术转化的成功案例，创造了 13 000 个就业岗位和 7 亿美元的收入
2004	Hallonsten、Benner 和 Holmberg	LRF 的影响力：社会经济影响分析（2004）	报告通过大范围讨论 LRF 的潜在经济效益以分析欧洲散列中子源（ESS）对当地可能产生的影响。没有关注创新，也没有试图分别分析 ESS 对地区的投入和影响
2009	Lindström，C. et al，普华永道（PWC）	ESS 对区域发展的影响（2009）	PWC 估计了 ESS 未来 30 年（对斯科纳地区的区域产出）的累计效益，约在 30 亿~300 亿欧元，情景设定为 200 亿欧元。研究没有分析 ESS 对区域和国家的 GERD 和 TFP 所产生的影响，但是应用 Dominic Guellec 设计的指数简单估计了预期增加的研究支出
2009	MK 咨询公司	TRIUMF 的经济社会影响	报告分析了 TRIUMF 在有加拿大 6000 万加元投资和没有的情况下，对不列颠哥伦比亚省未来 5 年的经济影响。它与伯克利实验室的评估一致，利用已有的省 IO 表和乘数考虑了直接、间接和引致的经济影响（根据 TRIUMF 的经济活动特点进行了加权）。报告简要地讨论了创新，但是其论据主要是"核研究集群"的一系列的简短商业案例和相关就业情况
2008	SQW	英国 LRF 对当地的经济影响	报告分析了英国的 5 个主要 LRF 对英国的经济影响（SRS、DLS、ISIS 等）。分析方法围绕设施的支出和就业的经济分析，估计了对当地总的产出和就业影响。 报告主要关心的当地就业影响和乘数，并没有特别针对创新问题进行分析。 报告简单分析了建设研究基础设施的供应商的收益，认为英国在建设过程中提供的技术多于实物
2010	STFC	新的光科学：达斯伯里同步辐射的社会经济影响（1981~2008 年）	报告的研究范围很广泛。对于本地的经济影响，报告中用专门的一章进行阐述，简单估算了 SRS 在本地的支出、本地就业和吸引的外部投资。利用 SRS 整个生命周期的支出（建设和运行）作为分析的输入参数分析了间接和引致影响。这里假设总影响等于净影响，没有针对替代效应做任何调整
2005	Valentin，F.、M.T. Larsen 和 N. Heineke	中子和创新：丹麦将从参与建设和运行 ESS 中获得怎样的科学、技术和竞争力	报告分析了丹麦与瑞典联合建设和运行 ESS 后可能获得的科技和其他方面的利益。ESS 在 2013 年开始建设，将在 2019 年运行

实证性文献资料始于 20 世纪 70 年代初，早期研究由 NASA 和 CERN 最先展开，目的是总结建设大型研究基础设施和计划对工业技术所带来的影响，以及评估由此而产生的经济效益。本次研究搜集了大型研究基础设施对创新影响的主要研究，如在萨塞克斯大学科学政策研究所开展的 Sapho 项目。

对欧洲的相关研究中，CERN 占主导地位。NASA 孵化产品报告在美国有很大的影响力。近年来，ESA 已经委托进行了多项研究，并且也创建了一个专门的技术转移办公室（TTO）和孵化企业数据库。欧洲委员会近期将开展一项研究，以便分析欧盟框架计划中研究基础设施部分所带来的影响。

随着出版资料的增多、研究的深入和创新影响的不断增加，英国 STFC 已经成为这一领域的先行者。DESY 年会（2012）和我们已经做的基础设施情况调研（2012）表明，一些主要基础设施也正在考虑运用一些手段来改进他们获取和量化创新影响的能力。

6.3 创新成果

在一少部分实证文献中，关注一种或两种创新途径的研究占主要地位。

（1）由供应商为大型研究基础设施提供所需的科技改进/解决方案时引起的创新，与其他市场的拓展一样，能够为随后其他市场的成功打下基础；

（2）企业通过与学术和有技术专长的机构合作，直接使用研究基础设施所带来的创新；

（3）通过 IP 许可（专利使用费）或孵化企业实现在设施上取得的研究成果的商业化。

我们发现，没有相关研究试图识别和重视基于大型研究基础设施的公共研究所获得这种直接在设施上进行或者借助于设施完成的公共部门的研究中产生的多方面见解和学习而引起的创新。传统意义上的知识溢出很难识别，并且属于特定研究机构利用研究基础设施进行的研究而言，方法挑战更加巨大，因为在研究中可能只是简单地应用了一下研究基础设施。

6.4 方法论

定性研究是此报告中提到的所有研究的基础：在大多数实例中都会用到案例研究，以便指出研究设施和特定创新之间的某种联系。通常，半结构式访谈和资料调研要相互结合，一方面让受益者参与，另一方面让客户合约方也参与其中，对案例研究进行详细的说明。

广义上讲，虽然研究方法可能非常类似，但是，在研究范围上却存在不同。只有少数研究仔细研究了多个案例，只为获得一个足够代表全部样本的典型案例，从而为总的影响评估提供基础。CERN 的两个研究（1975 年和 1984

年）都是使用这种方法的典型案例。NASA 的孵化产品 2012 报告中首次包含了总的影响评估。BETA[①]的著作（1992 年）中测度了 ESA 的技术项目对企业产生的知识溢出，受到了 Bach 和 Cohendet 的关注，并在他们的文章中进行了详细的叙述；为了追踪、定位和量化在行为、产品、服务和竞争力方面的更广泛的效益，确实需要进行大量、繁杂的定性研究。

BETA 小组目前正在进行一个欧盟支持的名为开放创新和研究系统的研究基础设施评估（EvaRIO）的项目，该项目旨在开发一个框架，以及一套与 LRF 经济影响评估配套的专门工具。[②]这种方法尝试探索 LRF 在目前不断变化的开放的研究和创新环境下的特殊作用。该项目的主要工作是改进“BETA 评估方法”，使之适应于 RIs 案例的研究。迄今为止这一方法已被应用于一些大规模财政拨款，用在评估研发计划的经济影响方面。这种改进方法关注的焦点是来自建设、运营和使用设施的人的学习效果，它的有效使用与对研究基础设施及其研究网络的演化的深度研究相联系。这里，报告将介绍目前这种方法的发展情况，并且在一些生物医学科学的研究基础设施（BMS RIs）案例中，进行首次尝试性的使用。

通过这类定性研究来获得总效益的评估耗时费力，尤其是从最基础的工作开始做时更是这样。举例来说，自 20 世纪 70 年代初期以来，NASA 就一直在追踪孵化企业，也形成了一些数据基础设施，能够自动获取一定数量的数据，并为实现简单的研究目标提供了一个基础平台。但是，监测报告只是最近才不考虑长期困扰的数据限制及相关问题，开始多方面测度所造成影响的规模。

但是，这种案例研究法很容易受到质疑。大多数的研究中只用到少量案例，一般不超过 10 个。在这些案例中，累积的总人数可能只有几百个。其最终目的是，给出一些有可能发生的社会经济影响，以及是如何发生的，期望能够凭借这些值得关注的案例给读者留下深刻的印象。

个别案例可能会在深度及全面性方面有所差异。已经做过的一些创新案例分析，其主要工作是一些人花几天时间进行访谈和资料调研，从而形成一个关

① BETA（Bureaud'ÉconomieThéoriqueet Appliquée）是法国斯特拉斯堡大学的一个经济研究小组。

② EvaRIO - Toward a method of evaluation of RIs in open innovation and research systems - Sandrine Wolff, BETA University of Strasburg。这是一篇对为期两年的欧盟资助项目的介绍，该项目始于 2011 年 11 月，目的是把 BETA 经济影响力评估方法转变成可以用于 RI 评估的方法。

于创新及有关的商业效应的综合概述。然而，在创新和基础研究/研究设施之间建立决定性的联系更加困难，需要花费更多时间。这里我们所研究的所有报告都没有试图去寻找确凿的证据去说明研究基础设施的关键和独特作用。①

CERN、ESA 和 NASA 的大部分关于创新的研究对象，都主要集中在承接他们委托工作的供应商获得的效益。

回顾 30 年来达斯伯里同步辐射工作（New Light on Science，STFC，2010）给社会带来的经济影响，其涉及范围可能比绝大多数实证研究更广泛。它包括了一些描述性案例研究，其中涵盖了来自 SRS 科学研究带来的知识溢出及其供应商随后产生的创新。还包括了一些孵化企业的案例材料。它尝试成为一项综合的研究，尽管不够全面，但是也承认要做到利用 SRS 和 STFC 的监测系统非常全面地回溯特定案例的影响和相当有限的创新成果是不可能的。个别案例包含了一些量化的影响分析，但是许多案例只是被简单地提及一下，不可能被应用到任何一个完整的成本收益分析中。无论如何，这是一个内容广泛的很好的报告，它是作为附录中四个典型研究之一介绍的。

本章在案例研究方法上有一些变化（进行了很好的扩展），一些机构在年报中也公布了一些关键绩效指标，包括以下几个方面。

（1）非学术性用户和使用；

（2）创新投入（发明披露、专利申请等）；

（3）知识转让成果（许可、许可收入、孵化企业等）的实时统计、趋势数据和绩效占比数据。

这些数据可以用作实现定性研究目标的一种方式，也可以用作定量分析样本成果和总收益的一个因素。

《伯克利实验室经济影响研究》（CBRE Consulting，2010）报告中包含了对 30 多个 1990 年以来 20 年时间中成立的目前仍运转的基于知识产权孵化的企业的经济影响分析。不过，实验室会对具有收益的所有孵化企业进行一年一度的统计，例如，在收入和就业方面。这样经济学家就能够很容易地获得经济领域、收入和就业方面的数据资料，方便地计算当地、州和国家的间接经

① 《REF 影响力试点》中研究发现，大学 5~8 人可以产生一个非常普通的案例研究，而更全面的工作可能需要付出两到三倍的努力（Technopolis，2010）。

济收益。

STFC 的年度影响力报告[①]正在逐年改进，增加了更多的统计资料和影响案例，但是这些单独的数据不一定能与特定设施联系到一起，而且也没有分析框架或用以估计总效应的模型。

6.5 数 据 要 求

这里给出的报告一般都使用下列三种方法中的一种或多种：供应商调查、影响力案例研究和知识转让统计。这些方法都需要大量不同类型的数据，从一手数据到二手数据，从主观数据到客观数据。

人们认为供应商调查是最直接的方式。它需要整个时间段内承包商及与承包商签订的合同的详细信息，以便进行抽样调查，描绘创新成果，评估商业影响，并找出值得进行案例研究的创新。各种 CERN 的研究表明，与研究基础设施的员工进行合作锁定调查目标是很有帮助的，可以有目的性地而不是单纯地随机抽样。调查需要大量供应商的原始资料，因此，如果设施在合同的标准条款和条件中加上支持评估的义务，并承诺对反馈绝对保密，那么反馈率会大大提高。没有任何一个研究使用到控制组，而且也不清楚如何在实践中使用它。如果设施或评估人员能够取得时间序列（分析）数据，对相关经济部门的关键经济和创新统计进行详细阐述的话，将会有些价值。这样就有可能提供一些更广泛的背景分析。

我们还需要考虑企业内在因素（无谓损耗，deadweight），因为大多数供应商除承担大型研究基础设施的承接工作外，也在忙于其他的开发工作，因此净影响不可能是 100%。还需要根据替代效应或机会成本进行调整，以避免高估研究基础设施的贡献。

回到案例研究，鉴于创新的可变性和不可预测的本质，很明显我们不可能提前对其提出具体的要求。但是，任何想要对这些成果进行详细阐述和评估的尝试，都需要综合考虑并分析一手数据和二手数据。

---

① STFC 年度影响力报告是 BIS 要求的工作之一，所有的研究委员会都要交付此类报告。它不是以单个设施为分析对象。STFC 还在开发案例研究和影响力评估框架，以便更好地获得和描述其所有活动的影响力，而不仅仅是大型研究基础设施。

所有案例研究都需要各种信息（包括主观的和客观的）来测度研究设施的贡献，解释设施相关的活动触发创新的重要意义。案例研究在评估基于创新的成本节约、收入增加等之前，还需要描述和衡量创新者或其他人的后续投资。此外还需要考虑创新能够实现商业利益的时间表。比较理想的是，对未来收入的所有预测，都应该与其他利益相关者进行深入的讨论，这些利益相关者对于创新的生命周期预期和各种其他风险因素都有自己的独到观点。

研究基础设施最好可以有一个全面统计技术转让的新数据库，其中包括专利申请、许可收入和新建企业的列表。虽然最大型的研究基础设施（如 CERN 或 ESA）应该具备这样的数据库，而且研究数据中心的研究也更应该普遍化（Technopolis Research Data Centres，2009），但是大多数设施都仍没有保留创新成果的数据。

这种状况不会很快有所改变，因为开发追踪系统的成本很高，而且依托大装置的许多研究都是在其他地方进行的，而且它的社会和经济利益都是由资方对外公布的［如 HEIs 和卓越研究框架（REF）影响力案例研究］。

临时的解决方案可以是如下两种。

（1）创建一个新数据库，收集包括设施整个生命周期内的所有非学术用户和供应商的数据；

（2）创建一个新数据库，收集包括供应商合同和项目/资助的数据，而且它们与用户和供应商是一一对应的。

6.6 优势和不足

供应商调查方法的优点是其简洁性，因为被调查者会有一个忠实的听众，通过这种方式很可能会获得已经实现并普及的创新成果类型的清晰完整的反馈。因此可以估计出总体的影响。然而，基于研究的调查方法并没有打算进行任何形式的反事实分析；也就是，假定如果这些技术公司没有作为设施的供应商或与设施进行合作研究，那么它们会做什么。关于贡献和收益规模，报告的作者和调查人员也倾向于根据受益人的自我评估。针对现金流的预测不够精确且过于乐观的情况，在预期未来收入的时候，也给出相同的权重。

这里采用的方法与识别和评估来自更普遍的公共研究的创新对经济影响的

方法有多大程度的不同还不是很清楚。在这方面，遵守 BIS 现有的指南是一个不错的选择，可以提高未来执行这类调查的稳定性（特指在英国）。

鉴于创新发展的多样性和不同表现，使用案例研究影响力是一个很好的选择；其优势是其灵活性在研究过程中必不可少。有一点相当重要，由于创新经常作为一系列投入要素的结果出现，因此案例研究方法还有利于出现更系统和动态的特征。辨别设施为给定创新所做贡献的性质和程度，需要调研人员具有一定的开放性和先验经验。

案例研究的范围和目标是有限的：大科学对从锂电池到 DNA 图谱再到核磁成像的全新技术或应用的可能影响才开始在文献中有所探讨。STFC 在 2012 年 11 月发布了两篇影响力很好的案例研究，考察了它的研究设施在研发磁磁共振成像（MRI）①和卫星导航的全球定位系统（GPS）应用中所起的作用。②

案例研究作为一种评估方法的缺点是那些有积极成果的例子并不能完全替代整体研究对象的情况，但是把少量案例综合起来进行说明时是有挑战的。进行更多的案例研究是一种解决方案，但是大大提高了研究和分析的成本。

创新指标法有它的好处，那就是它的实施相对比较简单，可以在设施中使用标准框架或指标进行一定程度的基准的设定和学习。它的缺点是很难收集和维护与相关设施联系在一起的成果统计（不能进行数据分析，因为它们太宏观了），投入和产出指标的获取相对更容易一些，但它们在进行创新成果的分析时，作用相当有限。

三种方法都能更好地识别和量化显而易见的创新成果，但会错失（不明显的）知识溢出效应及对其他生产商和消费者的更广泛影响。

总之，研究基础设施的创新成果研究是一个正在进行中的课题，很大程度上，对该课题的研究仍处于列举和描述单个案例阶段。

---

① 英国物理研究的经济影响：MRI 扫描仪案例研究（牛津经济学，2012 年 11 月，受 STFC 委托）。案例研究描述了 RAL 在 20 世纪 60 年代的超导磁体（作为为 CERN 的粒子加速器产生更强大的磁场的一种方式）工作是如何被牛津仪器研究所进一步开发，并产生各种商业应用的，包括 MRI 临床仪器。研究也阐述了经济影响，但主要是参考了 MRI 相关设备的全球销售（2010 年为 40 亿英镑），以及 MRI 行业在英国的直接和间接经济影响（1.1 亿英镑）。还描述了其他社会福利，其中一部分进行了货币化，但没有进行合计。

② 英国物理研究的经济影响：卫星导航案例研究（牛津经济学，2012 年 11 月，受 STFC 委托）。该案例研究挑选了一系列著名的案例，从 1995 年建造了第一台可靠的原子钟的国家物理试验室的物理学家（时间的精确测量对于卫星定位至关重要），到 RAL 空间研究中心，它一直是研究的前沿阵地，通过使用位于 RAL 的“电离层探测器”传输、接受并分析在不同电离层反射的短脉冲波来实现对电离层的监控，进而提供“电离层矫正”来提高卫星导航系统的精确性。

6.7 结果和典型案例

我们发现了少量集成分析创新影响力的尝试，它们主要关注采购先进技术以后产生的影响力。下面列出了相关统计。

（1）CERN 研究（1975）——从 1955 年起的 20 年中，供应商与 CERN 签订了 9 亿瑞士法郎的合同，估计由此可产生 50 亿瑞士法郎的额外收入或成本节约。

（2）CERN 研究（1984）——1973~1987 年，为所有合同供应商创造 31 亿瑞士法郎的额外收入/成本节约。与之相比，供应商的购买支出大概为 7.48 亿瑞士法郎（1982 年的价格）。它大概占 CERN 同期的总体运营成本的 60%。其中 75%与创新有关的、额外的经济活动发生在高能物理学（HEP）之外的领域。

（3）CERN 研究（2004）——1997~2002 年（LHC 项目的一部分），38%的高科技/高价值合同促进了新产品或新流程的产生。

（4）NASA 孵化产品数据库——1976~2012 年，共有 1800 个孵化产品。NASA 估计（孵化产品，2012），在 2000~2012 年报告的 500 个孵化产品，已经产生了约 50 亿美元的额外收入和 62 亿美元的成本节约。

（5）John Innes 中心评估（DTZ，2009）——每年的知识转化收入大约为 17 万英镑，英国企业研究和发展投入（BERD）得到的收益约为每年 800 万英镑，英国经济的收益（通过新品种来提高小麦产量）每年可达 7500 万英镑。

6.8 未来对 BIS 评估研究基础设施的意义

可以很好地运用基于案例研究的方法进行评估和评价，但目前的研究/实践有点过于泛滥，BIS 设立的有些原则可用来减小夸大“额外”效应的可能性。

如果方法运用得当，并对大多数已知案例进行细致的研究，案例研究方法可以为净效应的估计和科学驱动创新的观念的普及提供一个平台。强有力的叙述一定会得到公众和资助部门的关注。

案例研究作为一次性的研究，耗时费力成本高，通常会花费 25 万英镑。如果有很好的基础监测数据，就可以更有效地完成案例研究，但是，大多数情况下，这很难做到。即使有很好的监测数据，也仍然需要独立验证特定合同或研究所做出的重要贡献及其附加价值。

6.9 发展需求

发展覆盖范围更加广泛且优质的监测数据，为 STFC 和其他设施所有者及资助者提供支持，要特别注意以下内容。

（1）对当前和过去供应商的新数据库进行维护，包括合同名称和对商品及服务供应商的数量和类型进行关键描述（即要求供应商尽可能地支持未来评估的标准条款和条件；鼓励数据的采集，告知供应商，为了进行审计或评估，他们的数据记录可能会被分享给他人）。

（2）每年或每两年例行执行一次用户调查，以便于更好地了解用户体验、动机、使用情况和更广泛的影响。

（3）创建影响力案例研究数据库，可能需要通过与设施的操作人员和研究使用者共同讨论，从零开始着手创建，要遵循卓越研究框架的影响力案例研究的基本原则和架构。

（4）编辑并出版大型设施的年度报告，要遵循研究理事会（RC）影响力评估框架的基本结构。

7. 集群与集聚效应

7.1 简　　介

本章我们将讨论测度大型研究基础设施所产生的区域影响的方法。

7.2 研究与评估的数据来源

表 6-2 列举了 9 篇出版物，我们打算以此来解释可能由大型研究基础设施产生的区域和集聚效应。还有一些我们无法获得的灰色文献中引用的研究，如由英国咨询机构——Quotec 公司，受南非国家研究基金会委托所做的 SKA 影响的事前评估，已经成为许多国家考量新设施给国家所带来利益的参考。该报告不受版权限制。

对于这种小受众的研究，没有清晰的模板可以借鉴，只有影响评价的事前评估和事后评估。还有另外一些经济影响的评估和案例研究。但是，研究报告中关注的几乎都是在一或两个场地的大型研究基础设施上的巨额资金投入。

7.3 创 新 成 果

由巨额资金投入引起的集聚效应（技术集群）与相当有限的实证文献的研究结果一致。

（1）巨大的科研设备能够吸引全球的人才来到这一地区，可能会有数百个永久编制的科研人员，几百乃至上千的访问学者连续不断地投入并完成设施的研究和使用工作。利用这些观点，可以说服丹麦政府回到在瑞典的欧洲散列中子源（ESS）的建设中去。

（2）建立或加强科研设施、地方大学和科研机构之间连接的纽带，能够为后续扩大交流与合作的机会提供一个研究焦点。

（3）孵化和创建新企业的能力，在一个设施上进行的研究活动很可能被商业化和扩展为专业化的市场服务能力。

（4）大型的研究设施可能位于高级技术园区的中心地带。围绕这些设施可能会建立针对设施销售（商品和服务）的公司，或将设施作为其部分独立研发活动的公司或为较大型企业和机构提供技术咨询服务的公司。英国的国家印刷电子中心便是一个案例。前英格兰东北发展经济署（One NorthEast），将区域、国家和欧洲的资助集中到一起在网络科技园区（NETPARK，该园区距离拉谟大学南部 10 千米）建立一个原型设备，对塑料电子产品（如柔性显示等）的商业化生产进行示范。NETPARK 的网站上（2013 年 2 月）称，该园区是英国发展速度最快的科技集群之一，印刷电子中心正好处于中央地带。2009 年，该中心从 BIS 战略投资基金会（SIF）获得了 1200 万英镑的资金，新增的 2000 万英镑投资（其中 BIS 的 1200 万英镑用于基础配套设施）有可能于 2011 年和 2012 年在该地区分别保留或创造 80 和 250 个工作岗位，其中一部分岗位来自 8~20 家新创建的企业和新增的风险投资企业。投资评估继续指出，其影响与 2013 年全国国民经济 GVA 大幅增长约 2 亿英镑相一致（这些估计值没有充分考虑全球经济危机的严重危害，但是，BIS 经济学家断定这次的投资将呈现一个正的 NPV）。但是，在一些情况下，这些地方的技术集群的形成可能会先于设施的建设，这也是部分造成最初在该地区寻找设施地点时的争议的原因。例如，哈维尔科技创新园区的英国 ISIC，就是利用现有的集群资源进行建设，并为英国太空行业（包括公有和私有）不同阶段的创新发展提供支持。

7.4 方 法 论

这里的大部分报告都使用组合研究战略，将（当地的）经济影响的定量分析与知识外溢的定性学术研究相结合。

地方经济影响的定量分析采取的方法与大额资金投入的经济分析普遍采取

的方法类似，也就是说，作者要获得财政支出数字，之后将这些数字输入到 IO 模型中。这样有助于分析人员获得全面的评估（覆盖一定的时间周期），获得对当地经济产生的直接的、间接的及引致的经济影响。某些情况下，为了方便，作者可能会选用简单适用的标准 IO 系数，而不会试图利用某个全国或地区的 IO 进行专门的研究。

一些人认为，这个数字（乘数）在不同的研究中可能会有些微的不同，但并不是量级上的差别，因此比定制研究能节约不少的时间和成本。

定性研究广泛应用于获取当地合作企业、孵化企业和对内投资方面的发展情况。这些报告中也对使用的案例进行了分类。它们的研究深度参差不齐，但大部分都是浅尝辄止：对企业的描述只限于就业和营业额的实例和数字，对企业和设施之间的关系也很少涉及。

"2010 年伯克利实验室经济影响研究"报告中包含了 1990~2010 年 20 年时间中成立的约 30 家新创的科技公司的经济影响分析。实验室针对盈利的所有创业公司，坚持进行一年一度的数据统计，譬如在收入和就业方面，这样经济学家就能够很容易地获得关于经济领域、收入和就业方面可用的数据资料，以便计算地方、州和国民经济的间接利益。

7.5 数据要求

本地的经济影响评估需要一些类似于其他经济影响评估的数据，但是，更主要的是，需要按支出和地点分类详细的长期支出数据。这些机构的具体数据可以进行 IO 分析，借助国家 IO 表来评估产生的间接和引致影响。

案例研究工作不需要非常的全面，它需要列出一些地方供应商和孵化企业名单，并收集一些关于收入和就业的基本的统计数据，并对仍不十分确定的企业和设施之间的联系进行走访和了解。TRIUMF 和伯克利实验室也同样收集孵化企业的统计资料，并利用这些数据进行 IO 分析。

科学园区和孵化企业的资料主要对其规模、范围和地点进行一个简单的描述，这些信息可以从设施的网站上获得。

7.6 优势和不足

总体而言，此次研究以支出和就业为基础，针对研究基础设施对地方的经济影响做了一个很好的评估。

对支出的功能分析也很有启发性，该分析暗示着当地方经济最大限度地从巨额资金投入计划中获益时，更高价值和高技术的设备和系统的采购都不会因为地区不同而发生倾斜。从用户引导创新的角度来看，大多数重大采购的部分，将在全国范围内或国际上购买，可能不存在地方依附性。

技术集群的分析相对粗浅，在很大程度上，都是由主要的技术供应商（包括孵化公司）提供一些关于他们是什么，以及他们如何与实验室建立联系的简单描述。在区域研究方面的，这些报告中的工作与其他类似工作在质量和稳定性方面相比相差甚远①。

其实，针对各种地区科学园区或孵化企业中获得的利益并没有进行实质性的分析，也根本没考虑过外部投资。TRIUMF 的研究也只是对 FDI 数据的引用。

总的来说，这是一个亟待研究的主题，以我们获得的文献来看，它是三个研究主题中最不完善的一个。

7.7 结果和典型案例

这一部分，在“区域研究”的文献资料中得到了一些基本事实。

（1）所有研究中都存在区域效应，包括建设和运营阶段，其经济影响为地区总经济影响的 20%~30%。

（2）对于资本投资的高价值、高技术部分的地区效应的研究更加少，但似乎不是很重要。英国 SQW 公司的研究认为，高价值的采购是在全世界范围内进行的。

---

① SQW 和名单中的其他几位作者，在研究集群分析方面都享有很高的声誉，例如，1985 年版的“剑桥现象”被广为参考。网址： www.sqw.co.uk/special-feature/cambridge-phenomenon。

（3）研究显示，运营阶段的区域效应会受到该地区常驻居民或流动人口（就业或旅游）的影响。

ITER 事前影响评估（2002）利用其基础设施 13 年来的实际和计划建设购买的数据进行间接和引致影响的分析。作者将成分分析的结果代入法国国民经济核算中，并进行了一些改进（未进行全面解释），并根据特定的区域特征进行调整。该分析报告估计的地区乘数为 3.7（相对每欧元的支出），据估计，法国其他地区年均经济产出增长为 2.8 亿欧元到 3.2 亿欧元，法国其他地区的乘数约为 6.3。估计在该地区创造的全时就业岗位约为 1400 个，在法国其他地区约 1600 个。

伯克利实验室经济影响研究（2010）进行了一个更全面的分析，利用美国国家 IO 模型分别在联邦、州级和城市级进行支出和就业的分析。此次分析估计伯克利实验室所在地区的产出系数为 0.4，也就是说，根据估计，直接消费 5 亿美元（2009 财年）产生了大约 1.9 亿美元的间接支出。对美国整体经济而言，试验室的经济影响总量估计有 16 亿美元。

加拿大 TRIUMF（2009）经济和社会影响报告利用支出和工资数据来估计由投资 6000 万美元升级设施所带来的直接经济效益。鉴于在 TRIUMF 工作的高度专业性及绝大部分员工都是从加拿大或所在省以外招聘，因此分析人员认为，全面估计所产生的引致经济影响（员工的消费）会更加适用。由于时间较短，作者将“不列颠哥伦比亚省统计”中公布的经济乘数用于 BCIOM 的分析。由于经济活动类型不同，计算不同经济影响的 BC 系数会有所区别，因此咨询专家会使用一系列的加权平均乘数来估计 TRIUMF 经济影响（例如，化学制品包括同位素产品在内适用乘数的 15%；非营利性教育机构适用乘数的 45%）。综合起来，这些计算结果可得出一个总的产出乘数 2.0。在以设施和 TRIUMF 员工的消费为基础的不列颠哥伦比亚省，设施的总经济影响可能会超过 90%。

7.8 未来对 BIS 评估研究基础设施的意义

我们对文献资料进行综述的意义就在于，RI 效益的重要方面在评估过程中没有给予太多权重，其显而易见且独特的社会经济贡献却知之甚少，仍有待研究。

这个显而易见的响应是，建议地区经济影响和技术集群应该作为评估的一部分，要求申请人主动设计新的方法来研究这一问题。

7.9 发展需求

一般而言，鉴于研发投资的重要性的假设及一些投资数额巨大的项目，作为对内投资（如 FDI）和创新的推动者，一般而言，鉴于研发投资的重要性假设及一些项目投资数额巨大，作为对内投资（如 FDI）和创新的推动者，BIS 很有必要进一步考虑推动评估大型研究基础设施的区域集聚效应的可行性和支出。

我们可以借鉴一些创办已久的高科技园的优秀案例，如剑桥或牛津，以及一些准备将研究和创新作为其区域发展平台的地区。达斯伯里和西北地区可能属于另一种类型的区域，东北地区也是同样情况，它们已经创建了一大批卓越中心（如 CELS、CPI、NAREC、PETEC、纽卡斯尔科学城等）。

在区域研究和经济地理方面，有大量的关于集群的文献资料。这些著作将有助于解释集群是如何出现并且为什么会出现，它们还对一些数据和方法工具进行了分类，这些都是研究地方集群的先决条件和诱因时必不可少的因素。[①]

① Thomas Brenner 和 Andre Muhlig 在他们的期刊文章中提供了一些对本书非常有用的文献概述，Factors and Mechanisms Causing the Emergency of Local Industrial Clusters：a Summary of 159 cases，Regional Studies，pp480-507，Volume 47 Number 4，April 2013。

8. 关于进一步发展与未来研究的说明

一般而言，相关领域的研究和创新政策的制定仍在进行中，甚至对于要求改进重大研究基础设施所带来利益的评估方法的合理呼吁，还没有给出任何实质性的回应。①

我们研究的文献资料表明，对重大研究基础设施带来的社会经济效益的评估所涉及的范围和深度，没有达成一致意见，关于最合理的分析框架（包括标准和影响措施的选择）及数据收集和设计战略方面也没有达成一致意见。这些研究使用的仍是传统的数据收集工具和分析技巧。为了将收集的相关数据和观点融入他们的微观经济分析中，大多数人都会使用下述组合：资料调研、整理和分析财务及活动资料；半结构式问卷调查设施所有者、用户和其他利益相关者；供应商、用户问卷调查；获取相关的官方统计资料和结构数据。从分析技巧来说，使用 IO 分析法可作为估计经济影响的一种方式，同样，也可以使用案例研究，进行一些具体的叙述将设施与创新成果联系到一起。用户和供应商调查支持描述统计，有助于描述和确定创新成果，但是，通常只是偶尔用到更加专业的科技创新分析，如合作出版分析（文献计量分析）。即使是在使用一些普遍被接受的方法时，他们还是会以不同的方式重新组合之后再利用，或者在一定程度上谨慎使用，因此，其成果很难进行直接比较。

我们发现重大研究基础设施评估都没有使用 NPV 和 CBA 方法，这些方法都是在涉及长期投资时，财政部门首选的社会经济影响评估方法。此外，我们还发现，也没有相关研究曾试图通过一些整合的方法对所有的社会经济效益进行分类，从而为货币化和集群提供足够的支持。

---

① 2006 年公共账户委员会下议院关于“大科学：在大型研究设施方面的公共投资”的报告，对改进现有方法做出了清楚的介绍，以便衡量举办大型研究设施所造成的经济影响。

最关键的是，方法本身并不是难点，从某种意义上说，分析人员已经非常熟悉用于评估研究基础设施的工具和技巧，因为在任何创新研究领域都要用这些方法进行社会经济影响评估。

这并不是说没有方法方面的挑战：评估过程中的典型难题也是显而易见的；如何才能确定地找出并量化多年来与大量投资（无论是公共还是私人的投资）紧密联系在一起的有形、无形的效应。事实上，由于这些设施都是工具，是学术界和工业界开展研究工作众多因素中的一个，因此，对于研究基础设施来说，测度起来可能更加困难。设施所有者可能看不到“大科学”科技进步所带来的知识外溢；一些实证研究文献更加关注能够更快产生经济效益和与建设和运营实验室有关的技术转让。STFC 开展的影响评估的案例研究是个例外，至少在我们已经能够收集到的英语文献中属于例外。

实际上最主要的挑战是与社会和文化相关的方面。除了同行评审，这些设施很少会受到以往评估结果的影响，这大概就是需要开始改变的地方：仅仅是做更多的评估和社会经济效益评估。我们针对研究基础设施的小范围调查显示：还是倾向于在评估重大研究基础设施对社会经济效益的影响方面做更多工作（或了解更多）。

一旦需要评估，其研究框架可能需要更加具有目的性，其研究范围应该远大于公共支出对创新影响的经济分析。文献资料在这一点上表达得非常清楚：重大研究基础设施确实可以引发创新，能够创造或扩大新的市场，确实能够加强地方集群及吸引外部投资；所有这些都值得进一步进行更系统的研究。由于现阶段评估仍处在发展阶段，需要一定的时间和空间来完善评估方法，解决评估过程中的瓶颈问题，但也会揭示出存在的问题，例如，在数据获取方面存在严重的缺口和限制，但是，未来的研究将会从中获益。从中长期来看，资料缺乏可能是面临的最大挑战。

就短期而言，评估面临的最大挑战是紧缩的公共财政。尽管运用容易获得的支出数据和标准 IO 表及乘数可以高效地完成经济影响评估，但是详细阐述主要的创新成果可能需要付出更多的成本。到底需要付出多少成本，某种程度上取决于研究设施及现有监测数据的质量：这些数据能否将评估人员引向评估的关键点，或者，分析人员是否必须要这些数据？虽然已经找到了评估创新成果的一个切入点，但是估计所带来利益的大小及设施所做贡献的类型还需要进行大量基础的研究，这些都比资料调研要付出更多的工作。

就下一步而言，我们建议 BIS 和研究委员会考虑（受现有基金的影响）并采取一系列行动。

（1）向 ESRC 评估委员会学习，采取一种比较务实的方法（一种边干边学的探索式研究），创建一个 BIS-STFC 联合工作小组，以监督与 RI 有关的评估活动的进展情况。目前的工作组都是非正式的，无论如何，正式一点的机构会更有帮助。

（2）改进大型研究基础设施的数据基础设施：①英国 100 个不同类型、不同学科的重点研究基础设施达成一致意见，同意改善他们的数据基础设施。许多设施已经设立了相关数据的收集和报告系统，研究理事会的影响评估过程已经利用了相关数据，无论如何，将数据监测范围不断扩大至全部并确保它们的一致性将是非常有帮助的。②同样重要的是，在机构的财务记录和供应商数据库中，增加可用的元数据和与之相关联的信息，这对于基本的经济分析及所有试图跟踪、确定和量化广泛效应的分析都非常有帮助。③如果机构能够创建用于识别和获取知识溢出和广泛影响案例的信息系统，那么也是非常有帮助的。

（3）为了扩大参考材料的储备，更普遍地进行评估实践及获得的有关典型案例，可以尝试进行一系列的社会经济影响评估。这样可以从每个研究工作中总结经验教训，研究的思路和方法将在附录 F 中进行报告：①参考对已建成 10 年以上的重大研究基础设施进行一系列的事后评估，加强和构建基于 SRS 的评估。②进行一系列的研究阐述重大研究基础设施对地方创新生态系统和地区集群产生的作用和贡献。③进行一系列研究阐述主要研究基础设施对重要企业及新兴领域的出现所产生的作用和贡献。④进行一系列研究阐述大科学及主要创新资金投入计划（在分析工艺和设备、手段、信息服务等方面取得的突破进展）所做出的贡献。

附　　录

附录 A　缩略语对照表

AATSR	先进沿轨道扫描辐射仪
AHRC	艺术与人文科学研究理事会
ARTES	先进通信系统研究
ASRF	科学与研究经费分配
BADC	英国大气数据中心
BAS	英国南极调查局
BBMRI	生物样本库与分子生物资源研究中心
BBSRC	生物技术与生物科学研究理事会
BCIOM	不列颠哥伦比亚省 IO 模型
BETA	理论和应用经济学研究中心
BODC	英国海洋数据中心
CCLRC	研究理事会中心实验室理事会
CBA	成本-效益分析
CELS	生命科学卓越中心
CERN	欧洲核子研究组织
CIF	基本建设投资
CIGMR	基因组医学综合研究中心
CPI	工艺创新中心
CSES	战略经济研究中心
DARTS	达斯伯里分析研究和技术服务
DELNI	北爱尔兰就业与学习部
DLS	钻石光源
DOE	美国能源部
EATRIS	欧洲医学先进转化研究基础设施

续表

EBI	欧洲生物信息研究所
ECRIN	临床试验和生物治疗基础设施
E-ELT	欧洲极大望远镜
EIDC	环境信息数据中心
EIRF	经济影响报告框架
EIRIISS	欧洲工业和研究基础设施互动和支持研究
ELI	极端光基础设施
EMBL	欧洲分子生物学实验室
EMSO	欧洲多学科海底观测站
EPSRC	工程与自然科学研究理事会
ERF	欧洲国家研究设施协会
ESA	欧洲航天局
ESF	欧洲科学基金会
ESDS	英国经济和社会数据服务
ESFRI	欧洲研究基础设施战略论坛
ESRC	经济与社会科学研究理事会
ESRF	欧洲同步辐射光源
ESS	欧洲散裂中子源
ESTEC	欧洲空间研究和技术中心
ETI	能源技术研究所
EvaRIO	开放创新和研究系统的研究基础设施评估
DIUS	英国原创新、大学与技能部
FDI	外商直接投资
FenRIAM	研究基础设施影响的前瞻评估方法
FMDV	口蹄疫病毒
GEOSS	全球综合地球观测系统
GERD	国内研发总支出
GMES	全球环境与安全监测
GNSS	全球导航卫星系统
GVA	附加值
HEFCE	英格兰高等教育基金委员会
HEFCW	威尔士高等教育基金委员会
HEI	高等教育机构
HEP	高能物理学
HERG	健康经济研究小组

续表

HGP	人类基因组计划
ICOS	综合碳观测系统
ILL	劳厄-朗之万研究所
IMPLAN	规划影响分析工具包
ING	艾萨克·牛顿群望远镜
INSTRUCT	综合性结构生物学基础设施
IO	投入-产出
ISIC	国际空间创新中心
ISIS	英国散列中子源
ITER	国际热核聚变实验反应堆
JET	欧洲联合环
JIC	约翰·英纳斯中心
JIF	基础设施联合基金
JISC	联合信息系统委员会
JUICE	欧洲木星系统任务
KRDS	保持研究数据安全
LCICG	低碳创新协调组
LFCF	大型研究基础设施投资基金
LHC	大型强子对撞机
LRF	大型研究基础设施
MCS	千禧世代研究
MERIL	欧洲研究基础设施前景图谱
MGF	蚊子遗传设施
MRC	医学研究理事会
MRI	核磁共振成像
NAREC	国家可再生能源中心
NCESS	国家电子光谱和表面分析中心
NEODC	地球观测数据中心
NERC	自然环境研究理事会
NETS	国家企业时间序列数据库
NGDC	国家地球科学数据中心

续表

NIH	美国国立卫生研究院
NowGen	西北基因知识园
NPV	净现值
ONS	英国国家统计局办公室
PDC	极地数据中心
PETEC	印刷电子技术中心
PhRMA	美国药品研究与制造商协会
PPARC	粒子物理与天文学研究理事会
RAL	卢瑟福·阿普尔顿实验室
REF	卓越研究框架
RI	研究基础设施
ROI	投资回报率
SARA	荷兰超级计算中心
SHEFC	苏格兰高等教育基金委员会
SIOS	斯瓦尔巴德群岛北极综合观测系统
SKA	平方公里阵列
SRIF	科学研究投资基金
SRS	同步辐射光源
SSC	超导超级对撞机
SST	海表温度
STFC	科学与技术设施委员会
STI	科学、技术和创新
TFP	全要素生产率
TGAC	基因组分析中心
TINA	技术和创新需求评估
TRIUMF	加拿大粒子物理与核物理国家实验室
TTO	技术转移办公室
UDBN	英国 DNA 银行网络
UKCMRI	英国医学研究与创新中心
UKIRT	英国红外望远镜
WTCCC	威康信托基金会病例控制协会
WTA	接受意愿
WTP	支付意愿

附录 B　科学的资金资助概述

B.1 简　介

本附录更全面地回顾了英国科学的资金投入，在第 3 章的基础上进行了扩充。

B.2 数据来源

根据研究的过程，本部分的工作都是围绕着相关支出数据的采集和汇编。BIS 主要负责整个英国的科学预算，英国科学资金资助的最权威数据源是 BIS 发布的 2011/2012~2014/2015ASRF，它将整个英国的科学预算拆分为建设经费和运行经费，此外，对每个研究理事会和资助委员会的科学预算也进行同样的拆分。

每个研究理事会和资助委员会就它们的资金配置发布更详细的财务账目和分配策略，并可与 BIS 总体报告中的重要数据进行关联。例如，HEFCE 在报告《基本建设投资 2》（CIF2）中按机构详细列出了 5.5 亿英镑的支出预算（覆盖从 2011/2012 年度以来的 4 年）：2012/2013 年度教学资金分配，和 2011/2012 年度到 2014/2015 年度研究资金分配。

每个 ASRF 报告提供了所在财年的预算并前瞻未来三年的投入。除了展示财务数据，报告还定性描述了这期间主要的趋势或改变。

为了汇编这个时期的科技资助信息，我们使用了 ASRF 报告的 4 个连续版本。2002/2003 年度和 2003/2004 年度的文件无法找到，所以这期间的数据缺失，我们使用替代数据源[①]来填补这些缺失的信息[②]。

我们的分析以英国全部科学预算为背景，在更广泛的科研经费情景中展示该预算的重要性，并揭示了该预算的相对重要性随时间发生的变化。我们追溯到 2000 年，分析了 10 年的时间，目的是减少资金投资起伏带来的分析误差，因为如果选取一个较短的时间尺度，可能会更容易在趋势分析中产生

① 相关信息来自 the Seventh report of the Select Committee on Science and Technology, http://www.publications.parliament.uk/pa/cm200102/cmselect/cmsctech/860/86004.htm 和 Science & innovation investment framework 2004—2014, Section on capital funding of science on pages 48-49。

② 2005/2006 到 2007/2008 财年的预算信息来自 The Science & innovation investment framework 2004—2014。

误导。10 年期间，在研究设施方面也取得了几个重要的进展，包括 SRIF 的启动，RAL 的 DLS 的建设与启动，以及 2007 年由 CCLRC 和粒子物理与天文学研究理事会（PPARC）合并而成的 STFC 的成立。

B.3　英国科研预算

2010 年 12 月，BIS 在 2011/2012~2014/2015 ASRF 报告中公布了当时实行的科研预算。ASRF 报告第 17 和 19 页的表格从资源预算和资金预算两个方面分别展示了从 2010/2011 年度开始的 5 年期的国家资助的分布和演变。

在 2011/2012 年度的科研预算中，每年的科研资源预算约 45 亿英镑，资金预算约 5 亿英镑。

这两个表中，第一个表显示了科研资源预算在整个 2011/2015 年度期间保持同样的水平，只在个别预算上会有略微的变化。多数研究理事会和资助委员会的现金投入减少 3%（MRC 除外，基线值的 105%），增加了对跨理事会设施（基线值的 134%）、国际资助（基线值的 178%）和 UKSA（基线值的 110%）的资助。这些增长点都与研究基础设施密切相关。

附表 1，即主报告中的表 3-2，显示了 2012/2013 年度的计划支出（4.5 亿英镑）约为 2010/2011 年度预算（8.7 亿英镑）的 50%。研究理事会和资助理事会的基本建设预算在减少，而 STFC 和 UKSA 的资金预算保持平稳。LFCF 是该时期唯一同比增长的预算线（基线值的 124%）。总体而言，这些预算变化反映了优先建设更大更多的战略基础设施的意图。战略优先的过程也显现在每个研究理事会的实施计划和预算中。

附表 1　2011/2012 年度科研预算资金资助分配

机构名称	2010/2011（基线年）（千英镑）	2011/2012（千英镑）	2012/2013（千英镑）	2013/2014（千英镑）	2014/2015（千英镑）	合计总额（千英镑）	2014/2015 财年预算与基线年预算（%）
研究理事会	393 438	239 821	199 393	181 430	180 967	801 611	46.00
AHRC	3 150	0	0	0	0	0	0.00
BBSRC	66 480	38 000	29 700	29 700	29 700	127 100	44.68
EPSRC	49 261	31 000	35 000	25 000	25 000	116 000	50.75

续表

机构名称	2010/2011（基线年）（千英镑）	2011/2012（千英镑）	2012/2013（千英镑）	2013/2014（千英镑）	2014/2015（千英镑）	合计总额（千英镑）	2014/2015 财年预算与基线年预算（%）
ESRC	20 600	18 700	13 700	12 700	12 700	57 800	61.65
MRC	134 517	33 000	29 000	31 000	31 000	124 000	23.05
NERC	34 183	32 200	17 800	17 800	17 800	85 600	52.07
STFC：核心项目	—	19 630	21 981	14 237	14 169	70 017	—
STFC：跨理事会设施	85 247	21 070	21 919	22 463	22 931	88 383	75.98
STFC：国际资助	—	46 221	30 293	28 530	27 667	132 711	—
大型研究基础设施基金	103 380	115 279	61 307	47 769	128 132	352 487	123.94
UKSA	19 000	19 000	19 000	19 000	19 000	76 000	100.00
HEI HEFCE 资金	166 952	75 170	90 970	90 160	101 500	357 800	60.80
HEI 英格兰研究基金	158 420	53 199	64 377	63 810	71 831	253 217	45.34
HEI 苏格兰研究基金	23 622	8 620	10 431	10 339	11 639	41 029	49.27
HEI 威尔士研究基金	6 031	2 113	2 557	2 535	2 854	10 059	47.32
HEI 北爱尔兰研究基金	1 778	798	965	957	1 077	3 797	60.57
合计	872 621	514 000	449 000	416 000	517 000	1 896 000	59.25

资料来源：Allocation of Science and Research Funding 2011/12 to 2014/15，BIS，2010

值得注意的是，2010 年支出审计（SR10）期间，政府提出了一系列加大对研究基础设施资助的额外承诺，包括对大学和已确定的战略项目。这些财政活动很难在正式的预算中找出来，但我们在 BIS 经济学家的帮助下尽最大可能去完成这项工作，并形成了 SR10 资金分配和各种额外资金承诺的总结，如附表 2 所示。这些专门的投入使资金在 4 年内增加了 14 亿英镑，从 19 亿英镑增长到 33 亿英镑，比原有的资金配置增加 70%还多。显著的增加包括：英国研究伙伴关系投资基金（UK RPIF）增加 3 亿英镑，高性能计算（HPC）和相关的电子基础设施增加 1.45 亿英镑，空间科技投资增加 1.2 亿英镑和石墨烯全球研究和技术中心增加 5000 万英镑。

附表 2 SR10 资金分配（SR10 科学预算）和对研究资金的额外投入（财政活动）（千英镑）

领域 （百万英镑）	SR 财政活动范围内	2011/2012	2012/2013	2013/2014	2014/2015	SR 总额
HEI 研究	SR10 资金分配	140	169	168	189	666
	2011 年预算	26	—	—	—	26
HEI 研究小计		166	169	168	189	692
研究理事会	SR10 资金分配	355	261	229	309	1 154
	2011 年预算	205	—	—	—	205
	2011 年秋季声明	—	40	69	45	154
	石墨烯	—	9	29	12	50
	2012 年秋季声明	—	4	229	251	484
研究理事会小计		560	313	556	617	2 047
RPIF	UK RPIF 2011	—	20	50	30	100
	UK RPIF 2012	—	—	70	130	200
RPIF 小计		—	20	120	160	300
空间科技小计		34	40	109	94	277
总计		759	523	833	900	3 015

资料来源：BIS，2013

B.4 资金预算趋势概述

资金预算从 1999/2000 年度的 1.736 亿英镑增加到 2010/2011 年度的近 8.27 亿英镑。从相对值看，最显著的增长是在前三年和 2008/2009 年度，每年增长至少 20%。从绝对数字来看，最高的同比增长发生在 2002/2003 年度、2008/2009 年度和 2010/2011 年度，每年至少增加 1 亿英镑。

SR10 后英国大幅减少了研发资金预算： 2011/2012 年度为 5.14 亿英镑，此后两年连续降低，直至 2014/2015 年度增长到 5.17 亿英镑。研发投入整体下降，唯一的例外是 UKSA 和 LFCF。LCFC 是该时期唯一一个预算水平显示增加的（基线值的 124%）机构。在这些有计划的科研经费削减之后，2014/15 年度资金预算将与 2006/07 年度的水平看齐。总体而言，这次有计划的改变表明，在财政压力较大的情况下，仍然是优先建设更具战略性的重大研究基础设施。这一战略优先的过程也显现在各个研究理事会的实施计划和预算中。最近资金预算减少的另一个原因与 CERN 加速器和主要 ESO 项目的建设完成有关，这两个原因将导致更多的国际资助用作运行的成本（而不是作为建设资金）。附图1显示了在英国研究预算随时间的演变。

读者应该注意到，在SR10期间发生了各种财政活动（附表2），这意味着目前的科学预算内的资金分配大大低估了可能的最终开支。例如，如果2014/2015年度的5.17亿英镑预算拨款由于各种其他财务活动产生的额外支出而增加，最后的数字将超过10亿英镑：这是预算的2倍。这些加起来将高于2010/2011年度的预算，无论是在现付条件还是通货膨胀调整后。

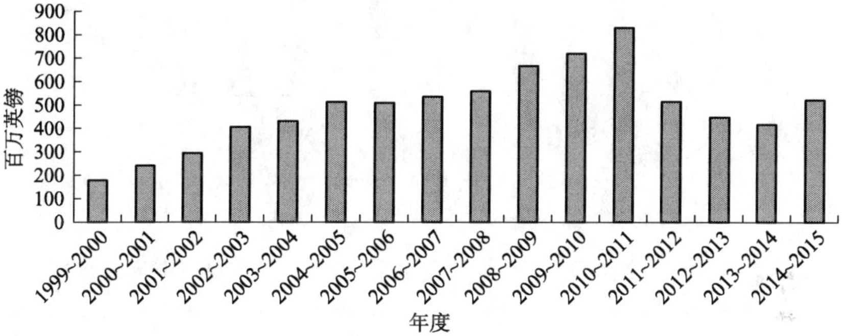

附图1　科学预算资金分配的时间分布（2000~2015年各年度）

资料来源：Technopolis汇编自BIS的Allocation of Science and Research Funding，2011/12 to 2014/15（2010）的数据

B.5　与科学预算相关的资金支出分析

为了在特定的背景下进行合理分析，我们研究了英国的总体科学预算的发展，及其中的重人研究基础设施建设投入比例的发展情况。

附图2显示了英国年度科学预算15年的发展趋势，用条形图表示总的科技预算，用线状图显示了研究基础设施建设资金预算在整体科学预算中份额的变化。从现金投入的角度，基础设施建设资金在科学预算中的比例在2011/2012年度之前呈大幅增长趋势。多年的基础设施建设预算在整体科学预算中的份额在2003年前是增加的，当时的增长明显高于非建设类的科学预算。2003/2008年度科学预算持续增加，研究基础设施建设的预算也相应增加，导致其份额相对稳定地保持在15%~17%。2008年以后，在2010/2011年度基础设施建设预算及其在科学预算内所占份额达到了峰值。2011/2012年度，研究基础设施建设预算的份额从近21%下降到11%。在随后的三年（直至2015年），研究基础设施建设预算所占份额在 10%左右波动。

正如前面提到的，发生在 SR10 之后的各种财政活动（附表 2）也将对此分析产生显著的积极影响，并指出研究基础设施建设的支出占整体科学预算的份额回升强劲，在 2010/2011 年度接近 20%。

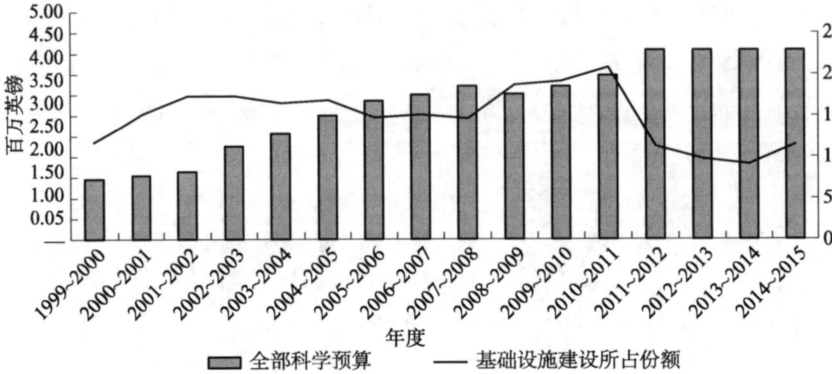

附图 2　科学预算及基础设施建设预算及其所占份额的时间分布

资料来源：Technopolis 汇编自英国政府科学预算的多年连续版本 Allocation of Science and Research Funding 的数据

B.6　研究基础设施建设预算的说明

在各种预算中的任何时期都可能包含研究基础设施建设的预算。一个可能最合理的归类方式是基于他们被分配到什么样的组织。我们基于此，对资金的来源进行了分析。

B.6.1　HEIs 的资助资金

第一类是用于 HEIs 的资助资金。在这一类中，几乎所有的资助都由专门的基金来实现。前两个专用基金——JIF 和 SRIF——是临时建立以解决因大学物理研究基础设施需要更新和整修而出现资金不足的问题。另一个正在运行的研究 CIF 是维护科研基础设施的永久性基金。

JIF 于 1999 年启动，持续了两年五轮的资助，包括大学之间的竞争性招标。JIF 的资金等量地来自英国政府和威康信托基金会，涵盖理学、工学、经济学和社会科学。它的资金用于 HEI 研究基础设施的建设、重大装备和其他相关因素。威康信托基金会提供的 3 亿英镑基金是根据其公益目的，用于生物医学及相关研究机构的基础设施建设。综合来看，JIF 已经为英国的 40 所英国大学投入了 7.5 亿英镑的研究基础设施项目。

鉴于 JIF 基金的成功，一个新的基金——SRIF 于 2002 年宣布成立。SRIF 是基于既定的规则而不是通过竞争，它允许更大的透明度及赋予机构更多的资金支配权力，最大限度地满足他们的优先事项。该基金由科学预算和高等教育（HE）基金共同资助，目前由 HEFCE、荷兰高等教育基金委员会（SHEFC）、威尔士高等教育基金会（HEFCW）和北爱尔兰就业与学习部（DELNI）来实施。2000/2008 年度有三轮 SRIF 资助，总预算超过 20 亿英镑。

2008 年，一个新的长期基金——CIF 成立，取代了 SRIF[①]。CIF 包括教学资金和科研资金，旨在帮助大学将建筑、设备和信息技术等保持在确保卓越研究所需的必要水平。 CIF 研究资金的资助额度与机构的研究收入成比例，大致分为，来自研究理事会的研究收入，来自资助委员会的研究收入。

CIF 分布在英国四个地区的资助委员会，这些资助委员会在 ASRF 的预算类目：英格兰高等教育资助委员会 HEI 基金、英格兰 HEI 研究基金、苏格兰 HEI 研究基金、威尔士 HEI 研究基金和北爱尔兰 HEI 研究基金。

B.6.2　研究理事会的资金资助

第二类是用于研究理事会（RCs）的资金，包括各个研究理事会的资金预算和 LFCF 的单独预算。用于各个研究理事会（研究所，中心和各类调查）的资金预算支持开展研究和其他科技活动的研究基础设施，这些设施因其特点（如规模或持续时间）不适合在高校运行。

在 2002/2003 年度，LFCF 作为一个专门用于支持大型研究基础设施的基金，是研究理事会现有资助机制的补充。该基金的目的是让研究理事会寻求额外的资金用于支持基础设施的建设，以确保英国的科学家们有机会获得他们所需要的设施。该基金已涵盖了大型国有设施和英国所参与建设的无论在英国还是海外的国际设施。大型研究基础设施路线图每两年维护和更新一次，并定期进行优先选择，而后从基金拨出款项予以支持。由 LFCF 资助的部分项目包括 DLS、ISIS 的第二靶站和新的海洋科考船。

2004/2010 年度 LFCF 提供了约 7.5 亿英镑的资助。LFCF 继续作为科学预算的资金资助的一部分，并预计将在 2015 年的前 4 年时间拨出 3.52

①在 2008~2010 年的 3 年期间,高等教育经费预算要比实际情况要高(三年分别高 2.66 亿、2.66 亿和 292 亿英镑)。但由于不是科学预算，这部分高出的经费没有包括在我们的分析中。

亿英镑。

B.6.3 其他资金

在某些情况下，特别是 2004 年以前，建立专门的高校或研究理事会的研究基础设施建设预算几乎是不可能的，因此也就有了第三种的预算形式（其他资金）。在这一类别中，我们包括了 UKSA，其资金预算在 ASRF（2010）有详细说明。

B.7 不同类别的资金预算的趋势分布

附图 3 展示了每个类别的资助水平如何随时间的变化。

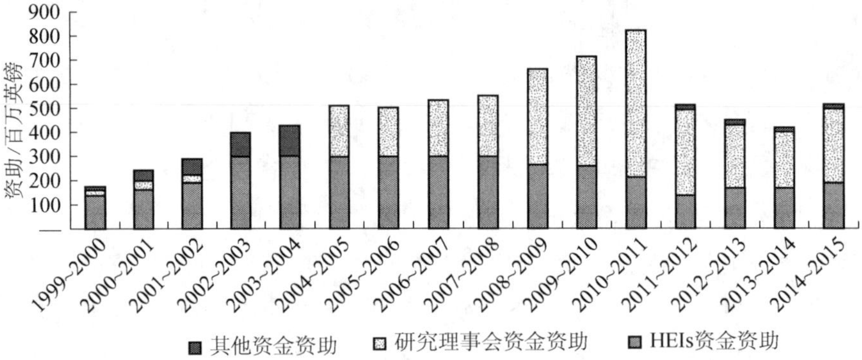

附图 3 按不同机构类型的科学资助的时间分布

资料来源：Technopolis compilation based on data taken from ASRF 2011/12 to 2014/15，BTS，2010

B.7.1 HEIs 的资金资助趋势

用于 HEIs 的资金预算在 2002/2003 年[①]之前是增加的，直到 2007/2008 年度也保持很高的水平。这个时期的大多数增长和持续的资助是来自临时的基金（JIF 和 SRIF）。之后，用于 HEIs 的资金预算在 2009/2012 年度下降，但预计在 2012/2013 年度增加约 21%。这种较低的资助水平与高校研究基础设施建设资金的变更有关。而 2000/2008 年度英国试图解决在研究基础设施上投入不够的问题，CIF 的出现是旨在保持稳定的投入水平，以及防止再次发生问题的积压，从

① 分析中没有包括惠康基金会的资助经费。如果包括了这部分数据，2001/2002 年度到 2002/2003 年度的增长就没有图示中那么明显。

而造成资助水平下降的情况。

B.7.2　研究理事会的资金资助趋势

研究理事会的研究基础设施建设资金的预算最初只占科学预算的一小部分。但在 2004/2005 年度这一比例大幅增加，到 2008/2009 年度时，它已经大于 HEIs 的资金预算。这一显著的增长一直持续到 2010/2011 年度，但这不能归因于单个基金的贡献，因为在各研究理事会及 LFCF 的资金都呈现了增加的态势。该时期最显著的增加为以下几点。

（1）RAL 的 DLS 的建设。2004/2007 年度超过 1.7 亿英镑用于该项目（2004/2005 年度为 8000 万英镑）；

（2）LFCF 预算接近成倍增长，2007/2008 年度（从 5000 万英镑到 1 亿英镑）和 2010/2011 年度（1.38 亿英镑到 2.65 亿英镑）；

（3）2007 年 PPARC 和 CCLRC 合并为 STFC； PPARC 和 CCLRC 总的预算在 2007/2008 年度为 5300 万英镑，而 STFC 在接下来的一年就有近 1 亿英镑的预算。

附录 C　大型研究设施清单

英国部分大型研究设施清单

下面的列表来自 FP7 的 MERIL 项目的设施清单，MERIL 由欧洲科学基金会资助，英国是其中的积极支持者，特别是来自 STFC 的彼得・弗莱彻博士和格拉斯哥大学的詹姆斯・霍夫教授的支持。

MERIL 项目已经编制了一个非常全面的研究基础设施清单，收集了欧洲 2400 个设施的大量描述性数据，涵盖了所有学科，英国使用了其中的 360 个设施，由英国主持建设的有 180 个。这里还增加了一些由各个英国研究理事会支持的研究基础设施，形成了下面包括 221 个设施的清单表格。

MERIL 数据库可以通过其门户网站（portal.meril.eu/converis-esf/publicweb/startpage）进行在线搜索。

附表 3　英国主要大型研究基础设施及其领域分类列表

序号	名称	主要领域	类型
1	水产研究所	地球与环境科学	原位海洋/淡水观测站
2	蚊子遗传设施（MGF）	生物与医学科学	基因组、转录组、蛋白质组和代谢组学设施
3	环境，渔业及水产养殖科学中心	地球与环境科学	原位海洋/淡水观测站
4	利物浦海湾沿海观测站	地球与环境科学	原位海洋/淡水观测站
5	行星模拟器——OU	物理学、天文学、天体物理学和数学	空间环境测试设备
6	行星模拟器——UWA-MAPS	物理学、天文学、天体物理学和数学	空间环境测试设备
7	剑桥大学-剑桥蛋白质组学中心（UCAM-CCP）	生物与医学科学	基因组、转录组、蛋白质组和代谢组学设施
8	布里斯托先进动力学工程实验室（BLADE）	工程与能源	土木工程研究基础设施
9	大气科学中心	地球与环境科学	大气测量设施
10	卡拉姆聚变能中心（包括兆安培球形托卡马克MAST）	物理学、天文学、天体物理学和数学	核研究设施
11	中央激光设施	化学与材料科学	强光源
12	DLS（I、II 和 III 期）	化学与材料科学	强光源
13	中型能量离子散射设施	化学与材料科学	强光源
14	国家电子光谱和表面分析中心（NCESS）	化学与材料科学	分析设施
15	固态核磁共振	化学与材料科学	分析设施
16	爱丁堡并行计算中心（EPCC）	信息科学与技术	集中式计算设施
17	国家 III-V 族化合物中心（谢菲尔德）	物理学、天文学、天体物理学和数学	微纳技术设施
18	生态模拟设施（英国帝国学院）	地球与环境科学	环境管理基础设施
19	林业研究空间模型 GIS	生物与医学科学	农林、植物育种中心
20	健康与安全实验室	工程与能源	环境卫生研究设施
21	总体环境模拟器	工程与能源	船舶及海洋工程设施
22	动物健康研究所（现为 Pirbright 研究所）	生物与医学科学	环境卫生研究设施
23	英国纵向研究中心	社会科学	登记和调查导向的研究/数据库
24	ISIS 中子和 μ 介子源（包括 ISIS 靶站 2 - 第二和第三期）	化学与材料科学	强中子源
25	詹姆斯·克拉克·麦克斯韦望远镜	物理学、天文学、天体物理学和数学	望远镜
26	玛丽里昂中心	生物与医学科学	基因组、转录组、蛋白质组和代谢组学设施
27	莫登(Moredun)研究所	生物与医学科学	环境卫生研究设施

续表

序号	名称	主要领域	类型
28	国家研究方法中心	社会科学	数据挖掘与分析（方法）中心，包括统计分析
29	英国地质调查局	地球与环境科学	固体地球观测，包括地震监测站
30	英国国家医学研究所	生物与医学科学	转化研究中心
31	亨利惠康核磁共振楼	生物与医学科学	结构生物学设施
32	质谱服务（斯旺西）	化学与材料科学	分析设备
33	植物整合生物学中心	生物与医学科学	农林、植物育种中心
34	国家物理实验室-燃油电池	工程与能源	能源工程设施（非核）
35	样品分析–英国开放大学	物理学、天文学、天体物理学和数学	空间环境试验设备
36	牛津大学蛋白质生产	生物与医学科学	基因组、转录组、蛋白质组和代谢组学设施
37	微开尔文实验室（MicroKLab）	物理学、天文学、天体物理学和数学	极端条件设施
38	苏格兰海洋研究所（苏格兰海洋科学协会）	生物与医学科学	原位海洋/淡水观测站
39	威康信托基金会桑格研究所	生物与医学科学	基因组、转录组、蛋白质组和代谢组学设施
40	超级扫描透射电镜（SuperSTEM，达斯伯里）	化学与材料科学	分析设备
41	离子束设施（萨里郡）	物理学、天文学、天体物理学和数学	强光源
42	阿斯顿实验室	工程与能源	能源工程设施（非核）
43	牛津大学 UOXF.AL 核磁共振仪	生物与医学科学	结构生物学设施
44	分子生物学实验室	生物与医学科学	分析设备
45	斯科菲尔德中心	工程与能源	土木工程研究基础设施
46	爱丁堡大学 UEDIN-LS 设备	化学与材料科学	合成材料或测试设备
47	制造工程中心	物理学、天文学、天体物理学和数学	微纳技术设施
48	利兹纳米装备设施	物理学、天文学、天体物理学和数学	微纳技术设施
49	欧洲海洋能源中心	工程与能源	能源工程设施（非核）
50	新能源和可再生能源中心有限公司	工程与能源	能源工程设施（非核）
51	女王大学海洋实验室	工程与能源	能源工程设施（非核）
52	爱丁堡大学-爱丁堡弧形波浪水槽	工程与能源	能源工程设施（非核）
53	西南系泊试验设备	工程与能源	能源工程设施（非核）
54	PRIMaRE 高频雷达环境监测设备	工程与能源	能源工程设施（非核）
55	国家海洋学中心	地球与环境科学	原位海洋/淡水观测站

续表

序号	名称	主要领域	类型
56	国家大气科学中心	地球与环境科学	地球、海洋、海事、淡水和大气数据中心
57	国家大剧院地球观测	地球与环境科学	大气测量设施
58	普利茅斯海洋实验室	地球与环境科学	地球、海洋、海事、淡水和大气数据中心
59	海洋哺乳动物研究单位	地球与环境科学	地球、海洋、海事、淡水和大气数据中心
60	北怀克农场平台	生物与医学科学	农、林、植物育种中心
61	基因组分析中心（TGAC）	生物与医学科学	基因组、转录组、蛋白质组和代谢组学设施
62	比较功能基因组学的 ARK——基因组学中心	生物与医学科学	基因组、转录组、蛋白质组和代谢组学设施
63	高性能计算设施、ARCHER	信息科学与技术	集中式计算设施
64	哈威尔研究综合设施	物理学、天文学、天体物理学和数学	微纳技术设施
65	英国医学研究与创新中心（UKCMRI）——更名为弗朗西斯·克里克研究所	生物与医学科学	转化研究中心
66	能量回收直线加速器样机	物理学、天文学、天体物理学和数学	高能物理设施
67	HECToR：英国国家超级计算服务	信息科学与技术	集中式计算设施
68	欧洲第三代引力波天文台（爱因斯坦望远镜）	物理学、天文学、天体物理学和数学	望远镜
69	英国南极调查局（BAS）	地球与环境科学	原位海洋/淡水观测站
70	生态学和水文学中心	地球与环境科学	极地与冰冻圈研究基础设施
71	氩同位素设施	化学与材料科学	分析设备
72	Chilbolton 大气无线电研究设施	化学与材料科学	大气测量设施
73	纳米颗粒分析和表征设施	化学与材料科学	分析设备
74	现场光谱设备	化学与材料科学	分析设备
75	物探设备设施	地球与环境科学	原位地球天文台
76	离子微生物设施	化学与材料科学	强光源
77	同位素社区支持设施	地球与环境科学	地球、海洋、海事、淡水和大气数据中心
78	中间层、平流层和对流层雷达设施	地球与环境科学	大气测量设施
79	分子光谱设备（正移到 NERC 成为现付现用公共支撑设施）	化学与材料科学	分析设备
80	国家海洋设备池	地球与环境科学	原位海洋/淡水观测站
81	NERC 同位素地质实验室	化学与材料科学	分析设备

续表

序号	名称	主要领域	类型
82	空间大地测量设施	物理学、天文学、天体物理学和数学	望远镜
83	空降研究与调查设备	地球与环境科学	研究飞机
84	极地考察船（替代 RRS 欧内斯特·沙克尔顿号）	地球与环境科学	原位海洋/淡水观测站
85	机载大气测量设施	地球与环境科学	研究飞机
86	皇家海洋调查船（RRS）詹姆斯·克拉克·罗斯号（研究）	地球与环境科学	原位海洋/淡水观测站
87	皇家海洋调查船（RRS）欧内斯特·沙克尔顿号（主要是物流）	地球与环境科学	原位海洋/淡水观测站
88	皇家海洋调查船（RRS）发现号	地球与环境科学	原位海洋/淡水观测站
89	RV Prince Madog 调查船	地球与环境科学	原位海洋/淡水观测站
90	海洋调查船（替代 RRS 发现号）	地球与环境科学	极地与冰冻圈研究基础设施
91	STFC 校园中心（哈特里中心、哈威尔成像伙伴关系、国际科学与创新中心和 CALTA）	物理学、天文学、天体物理学和数学	微纳技术设施
92	英国脑银行网络	和生物医学科学	生物银行包括种子库
93	英国 DNA 银行网络（UDBN）	生物与医学科学	生物银行包括种子库
94	化学数据库服务（达斯伯里）	化学与材料科学	化学库和筛选设施
95	人口计划署（英国数据服务）	社会科学	数据挖掘与分析（方法）中心，包括统计分析
96	ACTRIS 数据中心	地球与环境科学	大气测量设施
97	欧洲临床研究基础设施网络（ECRIN）	生物与医学科学	通信网络
98	英国数据服务（前身为经济和社会数据服务）	社会科学	数据挖掘与分析（方法）中心，包括统计分析
99	欧洲突变小鼠资源库-MRC 哺乳动物遗传中心（EMMA-MRC）	生物与医学科学	动物设施
100	英国住户小组调查	社会科学	登记和调查导向的研究/数据库
101	英国家庭纵向研究（现在叫谅解协会）	社会科学	登记和调查导向的研究/数据库
102	数字社会研究（旧名电子社会科学国家中心）	社会科学	数据挖掘与分析（方法）中心，包括统计分析
103	虚拟微观数据实验室	社会科学	数据挖掘与分析（方法）中心，包括统计分析
104	物种 2000 数据库	地球与环境科学	登记和调查导向的研究/数据库
105	考古数据服务	人文与艺术	数据库
106	洛桑长期实验，样品存档和 e-RA 数据库	生物和医学科学	农林、植物育种中心

续表

序号	名称	主要领域	类型
107	英国选举研究	社会科学	登记和调查导向的研究/数据库
108	英国老龄化纵向研究	社会科学	登记和调查导向的研究/数据库
109	管理数据联络处	社会科学	数据归档、数据存储库和集合
110	安全数据服务	社会科学	数据归档、数据存储库和集合
111	出生世代研究和世代资源设施	社会科学	登记和调查导向的研究/数据库
112	环境组学生物信息学设施	生物与医学科学	生物信息设施
113	英国大气数据中心（BADC）	地球与环境科学	地球、海洋、海事、淡水和大气数据中心
114	国家地球科学数据中心（NGDC）	地球与环境科学	地球、海洋、海事、淡水和大气数据中心
115	英国海洋数据中心（BODC）	地球与环境科学	地球、海洋、海事、淡水和大气数据中心
116	极地数据中心（PDC）	地球与环境科学	地球、海洋、海事、淡水和大气数据中心
117	环境信息数据中心（EIDC）	地球与环境科学	地球、海洋、海事、淡水和大气数据中心
118	地球观测数据中心（NEODC）	地球与环境科学	地球、海洋、海事、淡水和大气数据中心
119	英伦三岛连续全球导航卫星系统（GNSS）设施	地球与环境科学	地球、海洋、海事、淡水和大气数据中心
120	英国海洋沉积物核心研究设施	地球与环境科学	固体地球观测，包括地震监测站
121	宇宙成因同位素分析设施	化学与材料科学	分析设备
122	NERC 生物分子研究设施（前身为分子遗传学设施）	生物与医学科学	基因组、转录组、蛋白质组和代谢组学设施
123	NERC 对地观测数据采集和分析服务	地球与环境科学	地球、海洋、海事、淡水和大气数据中心
124	国际农业与生物科学研究中心（CABI）生物服务	生物与医学科学	生物银行包括种子库
125	国家致病病毒收集	生物与医学科学	生物银行包括种子库
126	皇家植物园邱园	地球与环境科学	自然历史收藏
127	自然史博物馆	地球与环境科学	自然历史收藏
128	皇家植物园爱丁堡	地球与环境科学	自然历史收藏
129	英国生物银行	生物与医学科学	生物银行包括种子库
130	大英图书馆	人文与艺术	研究图书馆

续表

序号	名称	主要领域	类型
131	大英博物馆	人文与艺术	收藏
132	帝国战争博物馆	人文与艺术	收藏
133	国家档案馆	人文与艺术	研究档案
134	国家美术馆	人文与艺术	收藏
135	国家海事博物馆	人文与艺术	收藏
136	威尔士国家博物馆	人文与艺术	收藏
137	国家肖像美术馆	人文与艺术	收藏
138	苏格兰古代和历史古迹皇家委员会	人文与艺术	研究档案
139	泰特美术馆（Tate）	人文与艺术	收藏
140	维多利亚和阿尔伯特博物馆	人文与艺术	收藏
141	利物浦国家博物馆	人文与艺术	收藏
142	国家科学与工业博物馆	人文与艺术	收藏
143	苏格兰国家博物馆	人文与艺术	收藏
144	John Innes 种质资源组	生物与医学科学	生物银行包括种子库
145	欧洲拟南芥原种中心	生物与医学科学	生物银行包括种子库
146	英国干细胞库银行	生物与医学科学	生物银行包括种子库
147	佛得角天文台	地球与环境科学	大气测量设施
148	罗瑟拉研究站 R	地球与环境科学	极地与冰冻圈研究基础设施
149	哈雷研究站	地球与环境科学	极地与冰冻圈研究基础设施
150	鸟岛研究站	地球与环境科学	极地与冰冻圈研究基础设施
151	爱德华七世角研究站	地球与环境科学	极地与冰冻圈研究基础设施
152	Ny-Ålesund 北极研究站	地球与环境科学	极地与冰冻圈研究基础设施
153	利物浦望远镜（LT）	物理学、天文学、天体物理学和数学	望远镜
154	艾萨克·牛顿群望远镜（ING）	物理学、天文学、天体物理学和数学	望远镜
155	英国红外望远镜（UKIRT）	物理学、天文学、天体物理学和数学	望远镜
156	DuneXpress 天文台	物理学、天文学、天体物理学和数学	天文粒子和中微子探测器和观测站
157	火星探测任务	物理学、天文学、天体物理学和数学	空间环境试验设备

续表

序号	名称	主要领域	类型
158	Cluster 卫星	物理学、天文学、天体物理学和数学	空间环境试验设备
159	詹姆斯·韦伯太空望远镜	物理学、天文学、天体物理学和数学	望远镜
160	欧洲木星系统任务（JUICE）	物理学、天文学、天体物理学和数学	空间环境试验设备
161	激光干涉空间天线	物理学、天文学、天体物理学和数学	引力波探测器和天文台
162	马可波罗	物理学、天文学、天体物理学和数学	空间环境试验设备
163	行星路线和恒星振荡	物理学、天文学、天体物理学和数学	望远镜
164	普朗克望远镜	物理学、天文学、天体物理学和数学	望远镜
165	哈勃太空望远镜	物理学、天文学、天体物理学和数学	望远镜
166	太阳轨道器：探索太阳日光层的连接	物理学、天文学、天体物理学和数学	空间环境试验设备
167	远红外干涉仪	物理学、天文学、天体物理学和数学	望远镜
168	宇宙学和天体物理学用空间红外望远镜	物理学、天文学、天体物理学和数学	望远镜
169	太阳动力学天文台	物理学、天文学、天体物理学和数学	望远镜
170	月亮无线电探测器/月亮低频阵列/月亮黑暗中世纪绘图器	物理学、天文学、天体物理学和数学	望远镜
171	暗宇宙探测器（现在与 SPACE 合并为 EUCLID）	物理学、天文学、天体物理学和数学	望远镜
172	CryoSat-2 卫星	地球与环境科学	地球观测卫星
173	X 射线天文台，现在是 IXO 的一部分	物理学、天文学、天体物理学和数学	望远镜
174	赫歇尔望远镜	物理学、天文学、天体物理学和数学	望远镜
175	数据处理与分析联盟（GAIA 任务）	信息科学与技术	复杂数据设施
176	Envisat 卫星	地球与环境科学	地球观测卫星
177	用内边界观测航天器探测日球起源	物理学、天文学、天体物理学和数学	空间环境试验设备
178	X 射线多镜任务	物理学、天文学、天体物理学和数学	望远镜
179	Titan 卫星和土卫二任务	地球与环境科学	地球观测卫星

续表

序号	名称	主要领域	类型
180	探测类地行星的多航天器任务	物理学、天文学、天体物理学和数学	望远镜
181	欧洲非相干散射	地球与环境科学	大气测量设施
182	欧洲同步辐射装置	化学与材料科学	强光源
183	非常大望远镜	物理学、天文学、天体物理学和数学	望远镜
184	X 射线自由电子激光	化学与材料科学	强光源
185	极端光基础设施（ELI）	化学与材料科学	强光源
186	欧洲高功率激光能源研究设施	化学与材料科学	强光源
187	SKA	物理学、天文学、天体物理学和数学	望远镜
188	ESS	化学与材料科学	强中子源
189	ILL	化学与材料科学	强中子源
190	LHC	物理学、天文学、天体物理学和数学	高能物理设施
191	E-ELT	物理学、天文学、天体物理学和数学	望远镜
192	拉西拉天文台（包括新技术望远镜和普朗克-ESO 望远镜）	物理学、天文学、天体物理学和数学	望远镜
193	APEX（阿塔卡马探路者实验）	物理学、天文学、天体物理学和数学	望远镜
194	阿塔卡马大型毫米波/亚毫米波阵列	物理学、天文学、天体物理学和数学	望远镜
195	欧洲 Argo 全球海洋观测基础设施	生物与医学科学	农、林、植物育种中心
196	用于新兴能源技术的海洋可再生能源基础设施网络	工程和能源	船舶及海洋工程设施
197	欧洲社会科学数据档案理事会	社会科学	数据归档，数据存储库和收藏
198	千兆欧洲学术网络	信息科学与技术	通信网络
199	欧洲海洋系统观测站（EMECO）	地球与环境科学	原位海洋/淡水观测站
200	BBMRI	生物与医学科学	生物银行包括种子库
201	ECRIN 临床试验和生物治疗基础设施	生物与医学科学	远程医疗实验室和电子卫生技术
202	欧洲多学科海底观测站（EMSO）	地球与环境科学	地球、海洋、海事、淡水和大气数据中心
203	综合碳观测系统（ICOS）	地球与环境科学	大气测量设施
204	斯瓦尔巴德群岛北极综合观测系统（SIOS）	地球与环境科学	地球观测卫星
205	欧洲系统生物学中心	生物与医学科学	结构生物学设施

续表

序号	名称	主要领域	类型
206	欧洲医学先进转化研究基础设施（EATRIS）	生物和医学科学	转化研究中心
207	用于预测食品微生物的 ComBase 资源	生物和医学科学	生物银行包括种子库
208	食品信息数据银行	生物与医学科学	生物信息设施
209	PHI 基：病原宿主相互作用数据库	生物与医学科学	生物信息设施
210	通用语言资源和技术基础设施	人文与艺术	研究设施
211	用于生物多样性数据和观测站的电子科学与技术基础设施	地球与环境科学	原位海洋/淡水观测站
212	E-科学 III 的使能网格	信息科学与技术	分布式计算设施
213	综合性结构生物学基础设施（INSTRUCT）	生物与医学科学	生物信息设施
214	Zeplin III暗物质实验（英国）	物理学、天文学、天体物理学和数学	天文粒子和中微子探测器和观测站
215	生物信息学的欧洲生命科学基础设施	生物与医学科学	生物信息设施
216	欧洲社会调查	社会科学	登记和调查导向的研究/数据库
217	电子科学的近地空间数据基础设施	信息科学与技术	复杂数据设施
218	欧洲生物信息学研究所（EBI）	生物与医学科学	生物信息设施
219	基础设施系统生物学，欧洲生物	生物与医学科学	系统生物学/计算生物学设施
220	IBC；欧洲型号哺乳动物基因组生物表型和资源库基础设施	生物与医学科学	动物设施
221	太阳物理学综合天文台	信息科学与技术	通信网络

附录 D　文献综述和参考文献

D.1　文献综述

该项研究的第二个主题是回顾大型研究基础设施对创新模式和产出产生影响的有关文献。

我们进行了大范围的文献回顾，利用同行评议的 Scopus 数据库摘要来识别大型研究基础设施创新产出的有关文献。我们采用参考文献目录列出该项研究涉及的大约 50 篇论文和报告作为该项研究的出发点，同时采用了出版数据库中的关键词搜索和链接搜索功能。此外，我们的搜索还包括了多个公用网站及与大型研究基础设施相关的研究网站，例如，欧盟基础设施研究网站、ESF 基础设施研究成员机构论坛及经济发展与合作组织（OECD）。英国 STFC 的研究人员也提供了多种参考资料，尽管这些参考资料大多数仅仅是个别案例①。

该项研究还涉及 20 多篇相关研究的附加参考文献，这些文献并未包含在上述参考文献中。这些附加文献大多数属于灰色文献，而非同行评议期刊文献。

我们将大科学研究设施相关创新影响力研究报告进行编目和分类，以便于开展此类相关研究时作为参考。这些主要分类编号涉及 70 个研究报告和论文，包括相关理论研究（20 篇）和实证研究（50 篇）。我们选取的这些研究报告及其观点相对更为容易被普遍接受，且与基础研究设施相关或与影响力评估方法论相关，并将其中部分文献列在附表 4 中。附表 4 中列出这些参考文献的简要子分类。

综上所述，这里的文献综述支持了我们的初始设想，即这是一项尚处于研究阶段的主题，且局限于有关科技投资的创新产出的相关文献和数据相对缺乏和难以获取。

附表 4　报告涉及的文献分类

大类	子类	描述	举例
A. 文献与大型研究基础设施直接相关	A.1 实证研究	重大研究基础设施的评价和影响力评估	英国 STFC（2010） Daresbury 同步辐射源的社会和经济影响力（1981~2008）；Autio et al. （2003） 分析 CERN 与供应商之间的机构和技术创新利益关系
	A.2 理论研究	有关激光测距仪（LRF）创新影响力的方法论和概念讨论	基于开放创新和研究系统的 RI 评价方法：EVARIO 项目、Sandrine Wolff，德国汉堡电子同步加速器社会经济影响力 ERF 会议（2012）；研究基础设施影响的前瞻评估方法（FenRIAM）框架（2011）
B.科学、技术与创新（STI）影响评估的其他方面相关的文献	B.1 实证研究	其他 STI 投资评价和影响力评估，也许不适合描述“大型研究基础设施”，但可提供有价值的参考	医学研究：什么是有价值的？评估英国医学研究的经济利益，健康经济研究小组（HERG），健康经济和兰德公司欧洲办公室（2008）；大学对英国经济的影响力：第四次报告，英国大学（2009）
	B.2 理论研究	关于 STI 社会经济影响力评估的理论探讨或关键问题	英国研究理事会系统的经济影响力综述，科学和创新分析研究小组；识别和定量分析全球综合地球观测系统（GEOSS）产生的效益，Ian McCallum 等（2010）

① 这个小的调查发现几乎没有新的对研究基础设施进行评估的报告，但是对研究基础设施进行评估是一项很有意义的工作，并且对这些评估方法的研究会引起更广泛的兴趣。

续表

大类	子类	描述	举例
C. 政策和其他相关	C.1 研究设施	与 LRF 直接相关的政策研究	Kate Barker，Deborah Cox 和 Thordis Sveinsdottir （2012），欧洲工业和研究基础设施互动和支持研究（EIRIISS），最终报告，曼彻斯特大学； Paul Beckers 等，MERIL，欧洲相关研究基础设施：综合目录（欧盟 FP7 框架计划最终报告，MERIL）
	C.2 影响力评估方法论	测度社会经济影响力的关键问题，不局限于 STI	绿皮书（英国财政部），投资项目的 CBA 指南：结构基金、凝聚基金和入盟前援助基金（欧盟委员会）

D.2 参考文献

附表 5 本报告完成过程中涉及的文献

年代	作者	标题
2010	全美独立实验室协会（ACIL）塔斯曼有限公司	空间地球观测的经济价值：空间地球观测对澳大利亚的经济价值综述
2012	Agrell、Wilhelm	斯堪的纳维亚半岛政府推进电子转换系统（ESS）的框架前景和风险
2003	Autio，E.、Bianchi-Streit，M.和 Hameri，A.–P.	CERN 采购活动引发的技术转化和技术学习
1996	Autio. E.、Hameri，A-P. 和 Nordberg，M.	工业和大科学合作驱动力的框架：实例分析
2004	Autio. E.、Hameri，A-P. 和 Vuola，O.	大科学中心的工业知识外溢效应框架
1993	Bach，L 等（英国工商设备行业联合会、BETA）	英国–欧洲先进材料研究对欧洲工业的经济效应评估
1992	Bach，L 等（英国工商设备行业联合会，BETA）	技术副产品的测度和管理：ESA 项目技术副产品的实例研究
2011	Barker，K.、Cox，D. 和 Sveinsdottir，T.	EIRIISS 报告
2011	Battelle 技术合作实践	HGP 的经济影响力
2012	Beckers，P. 等	欧洲相关研究设施：综合目录［欧盟 FP7 框架计划最终报告，MERIL］
2003	Bessette，R. W.	基于大学研究的经济影响力测度.技术转化杂志. 28：355-361.
2005	Bianchi-Streit，M.，等	获取、变创新为现实. Giornale di Fisica，Vol. XLVII，N. 1.
2005	Bianchi-Streit，M.，等	CERN 采购活动引发的技术转化和技术学习
1986	Bianchi-Streit，M.，等	CERN 的经济副产品的量化研究
1984	Bianchi-Streit，M.，等	来自 CERN 合同的经济效用. CERN 黄皮书报告，日内瓦：CERN.

续表

年代	作者	标题
2001	Biermann，F.	大科学对南方的小影响？印度专家共同体对全球环境影响力的评估. 全球环境变化. 11（4），pp. 297-309.
2010	国际清算银行	经济影响力
2011	Boisot，M.	英国研究委员会系统的经济影响力综述. 科学和创新分析（SIA）研究小组（参考文献 10/917）
2011	Booz 公司	相关领域的知识创造：CERN 的 ATLAS 实验的实例分析. 管理知识杂志. 42（4），pp. 447-457.
1992	Bozeman，B. 和 Coker，K.	GMES 的成本-效益分析
2004	Bressan，B.	来自国际研究中心的社会发展效益研究分析：CERN（学术专题）
2012	Brottier，Franck. 和 Gliksohn，Florian.	ELI 对社会经济影响力的经验评估
2000	Byckling，E.、Hameri，A-P.、Pettersson，T. 和 Wenninger，H.	来自 CERN 的技术副产品及其 TuoviWDM 实例
1993	Cabinet Office	国际研究设施的经济影响力. SQW 咨询建议
2010	CBRE 咨询机构	伯克利实验室的经济影响力研究
2005	CCLRC	中子源的未来获取：英国发展战略
2009	CEA，等	欧洲研究基础设施. 发展观察
1991	Chaffee，C.D.	大科学支持核磁共振成像（MRI）？科学. 253（5025），pp. 1204.
2012	Charles Beagrie 有限公司	ESDS
2005	CHASS	政策资助的人文科学、艺术和社会科学研究的量化和影响力测度. 澳大利亚人文、艺术和社会科学委员会（CHASS） 教育、科学和培训部
2011	InPlace 咨询机构	千年群组研究的影响力评估
2012	Cosgrove，S.和 Robertson，K.	基础研究设施影响力的 STFC 方法评估
2010	COST	研究基础设施的科学领域之外的经济效益：以 SKA 项目为例
2011	Curaj，Adrian 和 Katja Pook （eds）	FenRIAM 洞见
2005	Davies，S.、Nutley，S.和 Walter，I.	社会科学研究影响力评价：概念、方法论和实际问题. 伦敦：研究的非学术影响力评价 ESRC 专题.5 月
2010	Dormans，S. 和 Kok，J.	大型历史数据库的一种替代方法：探讨最佳合作实践
2009	戴德梁行（DTZ）	英国 John Innes 中心的经济影响力
2011	欧盟	基础研究设施的工业创新.基础研究设施单元. DG RTD
2008	欧盟	投资项目的 CBA 指南：结构基金、内聚基金和入盟前援助基金
2004	欧盟	IST 项目及其后续项目 ESPRIT IV、ACTS、TAP 的影响力研究
2009	联合国海洋资源工程委员会（Ecorys）	荷兰超节点的经济效益

续表

年代	作者	标题
2010	ESFRI	欧洲基础研究设施路线图的战略论坛. 卢森堡：欧盟官方出版物办公室
2003	ESFRI	欧洲中子科学研究的中长期未来愿景
2010	欧洲审计署	第六框架下新研究基础设施设计研究和建设的有效性分析
2009	弗劳恩霍夫协会系统技术和创新研究所	生物银行经济影响力实证研究
2012	Galbraith Muir 咨询机构	STFC 实证研究
1992	Galison，P. 和 Hevly，B.	大科学：大尺度研究的增长
1996	Glasner，P.	从共同体到“合作者”？HGP 与科学变革
2009	Graham，M. 和 Milligan，N.	Daresbury 科学和创新园区回顾
2004	Hallonsten、Benner 和 Holmberg	大型基础研究设施的影响力：社会经济分析
2011	Hallonsten，O.	小国家的大科学增长：MAX 实验室和瑞典研究政策系统
2011	Hallonsten，O.	小国家的大科学增长：MAX 实验室和瑞典研究政策系统
2000	Hameri，A-P.	加速器实验的技术转化
1997	Hameri，A-P.	大科学研究创新
2008	HERG 等	医学研究：什么是有价值的？评估英国医学研究的经济利益
2003	英国财政部	中央政府评价和评估绿皮书
2011	Horlings，E. 等	大科学的社会足迹
2008	Horlings，E. 和 Versleijen，A.	荷兰科学愿景中的大型基础研究设施
2007	英国下议院，公共帐目委员会	大科学：大科学设施的公共投资
2012	物理研究所	物理学对经济的重要性
2009	物理研究所	粒子物理：英国大学学术研究及其对社会的影响力
1985	Irvine，J. 和 Martin，B.R.	大科学评估：CERN 的历史及其未来展望
2002	ITER	ITER 的经济影响力研究
2012	Jack，R.，等	欧洲工业与 RI 相互影响和支持研究
2012	Jacob，M. 和 Hallonste，O.	大科学和宏观科学的研究及创新政策：宏观科学政策介绍
2007	James，T.	大科学. 技术和工程
2009	Kelly，U.、McLellan，D. 和 McNicoll，Professor，I.	英国大学对经济的影响力：第四次报告
2012	Lauto，G. 和 Valentin，F.	大型基础研究设施如何连接全球研究
2009	Lindström，C.，等	ESS 对区域发展的影响
2009	伦敦经济	支持英国参与空间探索计划的经济分析

续表

年代	作者	标题
2006	Martin，B. 和 Tang，P.	政策性资助研究项目的效益
1981	Martin，B. 和 Irvine，J.	基础科学的转化：以射电天文学为例
2010	McCallum，等	识别和量化对地观测卫星的效益
2009	MK 咨询机构	TRIUMF 的经济和社会影响力
2007	英国审计署	大科学：大科学设施的公共投资
2012	英国环境研究委员会	大额投资的影响力
2011	英国环境研究委员会科考计划项目评估组	科考项目评估组针对包括 James Cook 号在内的科考船的效益评价
2003	Nordberg，N.，等	利用客户关系获得技术创新：科学研究机构供需合同的价值链分析
1994	Nordberg，N.	合同效益和技术提供商战略：以 CERN 为例
2012	北欧应用研究合作组织	欧洲同步辐射光源（ESRF）北欧成员及北欧晕厥研讨会
2008	OECD 全球科学论坛	大型研究基础设施路线图报告
2012	牛津经济	英国物理研究的经济影响力：以 MRI 扫描为例
2012	牛津经济	英国物理研究的经济影响力：以卫星导航为例
2008	牛津经济	英国研究和技术联系部对英国经济的影响力研究
2008	牛津经济	空间科学服务和数据的影响力：以空间科学为例
2007	PA 咨询公司	研究委员会的经济影响力研究（I 和 II）
2012	公共及企业经济咨询（PACEC）	高等教育研究机构研究投资评估（SRIF 2006~2008）（第三次）
2004	Papon，P.	欧洲科学合作与研究基础设施：态势及展望
2001	Pfhaler，W.	IO 分析：用户指南和标准
2010	Pilling 和 Professor M. J	BAe 146 型飞机评估
2008	公共合作咨询组	斯坦福大学经济影响力研究
2004	Pung，等	英国图书馆经济影响力评价
2009	Rambøll、Matrix 和 Eureval.	对欧盟第六框架计划中研究基础设施的支持：相关性和影响力评估
2007	英国研究理事会	科研和创新投资经济影响力测度——测度新框架
2006	经济影响力研究咨询组	研究委员会的经济影响力在增长
2010	皇家天文学会	大学新视野，为大社会的大科学
2001	Salter、Ammon，J. 和 Martin Ben R	基础研究政府投资的经济效益：重要回顾
1975	Schmied，H.	CERN 经济效用研究
2010	SKA 项目研发办公室	射电望远镜 SKA 的非天文学效益
2009	SQW 咨询	西北部高等教育研究机构的经济影响力及潜力：向西北部发展局提交的报告

续表

年代	作者	标题
2008	SQW 咨询	英国大型研究基础设施的经济影响力评估
2012	STFC	创新技术服务中心（I-TAC）影响力评价
2012	STFC	英国科学和技术设施委员会（STFC）影响力报告 2012
2011	STFC	英国科学和技术设施委员会（STFC）影响力报告 2011
2010	STFC	E-ELT 对社会的影响
2010	STFC	生活中的激光——50 年的影响力
2010	STFC	科学新发现：达斯伯里同步辐射光源的社会和经济影响力（1981~2008）
2010	STFC	ISIS 设施影响力研究
2004	Stroetmann、Veli 和 Karl A. Stroetmann	影响力研究：微电子和微系统，医疗和移动技术
2011	技术政策研究公司	数据中心：使用、价值和影响力. 研究信息网络和联合信息系统委员会
2011	技术政策研究公司	大型研究基础设施的作用和附加价值
2010	技术政策研究公司	BBMRI： 社会经济影响力评价的评估战略. BBMRI 报告，2010
2009	技术政策研究公司	科学研究投资资金：第二轮投入及其广泛效益回顾
2006	技术政策研究公司和 Interface 公司	欧盟资助的研究基础设施的相关性和影响力评估
2005	Triarii	欧洲航天技术中心对荷兰的价值
2012	英国贸易与投资	大型研究基础设施的商业机遇：英国工业和服务于世界的研究能力
2011	医学研究	经济引擎：美国国立卫生研究所的研究、就业和医学创新界的未来
2005	Valentin，F.、Larsen，M.T. 和 Heineke，N.	中子研究和创新：丹麦大型研究基础实施的科学、技术和竞争力带给国家的经济效益
2009	Vermeulen，N.	生物学大型研究项目的建设
2006	Vuola，O. 和 Hameri，A-P.	工业和大科学联合创新过程中的互惠
1961	Weinberg，A.M.	大科学对美国的影响力
2012	Wilhelm、Prof. Dr. 和 Pfahler，汉堡大学	基础研究设施的区域和行业需求效应：以德国汉堡 X 射线自由电子激光为例
2010	Williams、Mark、RCUK 性能评估组	英国研究委员会影响力评价措施
1988	Williams，T.l.、Lemkau JR.、H.L. 和 Burrows，S.	健康科学研究图书馆的经济价值：大科学时代的成本回收
2001	Williamson，et al.	地球科学及应用研究的社会经济效益：降低美国自然灾害的风险及治理成本
2012	Wolff，Sandrine.	开放创新和研究系统的 RI 评估方法
2006	Wylie，R.、Markowski，S. 和 Hall，P.	大科学、小国家及国防系统发展中的挑战：以澳大利亚为例

附录 E　案例研究

E.1　用于案例研究的 11 个评估报告

为了让读者更深入地了解某项具体研究中采用的研究方法，以及选用该研究方法的原因，本研究遴选了 11 个评估报告用于案例剖析。

每个案例都给出了：规范的标题、科学设施的介绍、研究方法、取得的创新成果，以及科学设施产生的更广泛的经济影响。在每一个案例中，我们精心挑选那些我们认为特别值得关注并且与 BIS 相关的内容，但这些案例研究作为一种研究资源，它们是已发表报告的删节版本。所有的报告只简单执行委托人的要求而并不提供其所用到的研究方法。所有报告均没有给出完成报告所投入的人力和时间，并且绝大多数报告在研究和撰写的过程中也没有记录。

附表 6 列出了我们遴选的需要详细介绍的报告。这些报告包括了科学设施、科学研究和社会经济影响三部分内容。

附表 6　附录中作为案例研究的评估报告

作者	标题
Autio，E.、M. Bianchi-Streit 和 A. P Hameri	CERN 采购活动引发的技术转化和技术学习
Battelle Technology Partnership Practice 公司	HGP 的经济影响
CBRE 咨询公司	伯克利实验室的经济影响研究（2010）
Charles Beagrie 有限公司	英国经济社会数据服务的经济影响评估（2012）
Ecorys 公司	荷兰超级节点的经济影响（2009）
Hallonsten、Benner 和 Holmberg	LRF 的影响：社会经济分析（2004）
Lindström，C 等	ESS 对区域发展的影响（2009）
MK 咨询公司	TRIUMF 的经济和社会影响
STFC	新光源：达斯伯里同步辐射光源的社会经济影响（1981~2008）
SQW 咨询公司	英国大型科学设施的区域经济影响评述
Triarii 咨询公司	ESTEC 对荷兰的价值

E.2 Charles Beagrie 有限公司和维多利亚大学战略经济研究中心对英国经济社会数据服务的经济影响评估（2012）

E.2.1 引言

英国经济社会数据服务的经济影响评估研究是对 ESDS 项目进行的一项评估。ESDS 是由 ESRC 和联合信息系统委员会（JISC）共同出资创建的分布式数据服务设施，每年运营预算约 330 万英镑。这项评估由 Charles Beagrie 有限公司和维多利亚大学 CSES 于 2011 年合作进行，2012 年 3 月发布最终的评估结果。

英国经济社会数据服务的经济影响评估报告旨在评估 ESRC 在 ESDS 上的投资所产生的经济效益。评估团队通过公开竞争的方式产生，评估过程历时大概 9 个月时间（2011 年 7 月~2012 年 3 月），其中仅数据收集就花费了约 6 个月的时间。

英国经济社会数据服务的经济影响评估报告在 ESRC 的网站上[①]可以免费获取。同时，该研究还是研究理事会不断努力发展的社会学研究中有关经济影响评估方法的一部分，同时也是其整体评估框架的组成要素。

E.2.2 方法论

该研究综合采用了多种研究方法，包括①采用一系列定量方法评估经济效益；②案例研究建立在相关经济学方法上，并将其放在更大的经济政策背景中；③基于保持研究数据安全（KRDS）利益框架对更广泛的利益进行分析[②]。

在方法①中，采用“累积”的方法评估经济效益，从最快和最直接的经济效益开始测度，这很可能是 ESDS 数据和服务对其有效注册用户群体产生的效益的最低估计，然后逐渐扩大范围，对其更大效益进行更模糊的估计。为测度其用户产生的经济效益，该研究采用了条件估值法，并采用福利方法来评估消费者盈余。此外，还采用了宏观经济分析方法，以研究 ESDS 日益增多的使用次数对数据创建和数据采集中投资收益的影响（附图 4）。

---

① http://www.esrc.ac.uk/_images/ESDS_Economic_Impact_Evaluation_tcm8-22229.pdf。

② Woollard, M. (2011). KRDS Benefits Framework, Value- Chain and Benefit Analysis Tools: UK Data Archive Case Study. Paper presented at the JISC Digital Preservation Benefits Tools Project Workshop, London, 12 July 2011。

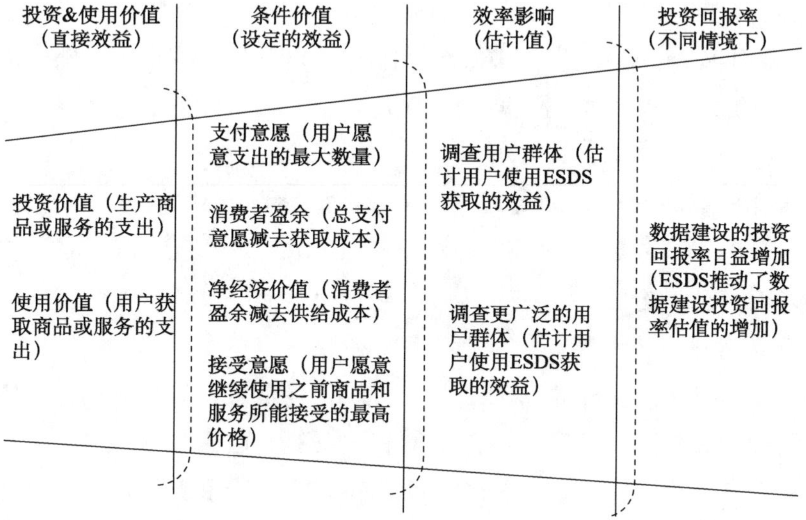

附图 4　ESDS 数据研究基础设施的经济效益与影响

资料来源：Charles Beagrie and the Centre for Strategic Economic Studies，2012

除了量化经济影响外，评估人员还进行了三个案例研究（气候控制、持刀犯罪和肥胖），基于 ESDS 数据研究阐明了这些重大社会问题引发人们讨论和媒体报道所产生的影响。

用“KRDS 利益框架”对更广泛的经济利益进行介绍。KRDS 利益框架由 Charles Beagrie 有限公司开发，并得到 JISC 的资助。该框架提供了识别、评估和传递数据资源管理和长期保存方面的投资收益的标准工具。该框架从三个维度将利益组织起来：已取得的利益；取得利益的时间；利益的受益者。每个维度可以分为两大类：直接利益和间接利益、短期利益和长期利益，以及内部利益和外部利益（附图 5）。

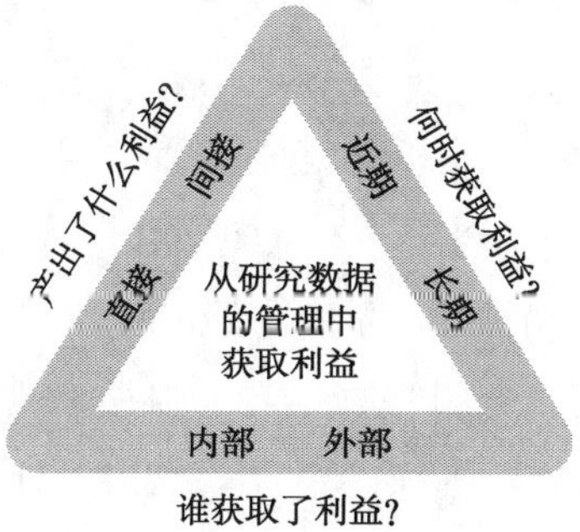

附图 5　KRDS 利益框架

资料来源：Charles Beagrie and The Centre for Strategic Economic Studies，2012

KRDS 利益框架的用户指南在 JISC 管理研究数据计划[①]的资助下已经编制出来，包括 KRDS 成本框架、KRDS 利益分析和案例研究指南。KRDS 利益框架目前正用于评估考古学数据服务和 BADC。

E.2.3 评估问题的范围界定

本次评估有两个目的：①评估 ESDS 对其用户产生的经济效益和影响；②开发稳定的、一致的影响评估方法，给 ESRC 提供其对数据服务基础设施投资的影响评估的方法。

1. 研究问题范围的界定

本研究旨在分析 ESDS 开展的所有活动产生的经济影响，而不局限于某一个具体活动。此外，该研究还涵盖了所有主要的利益相关者，包括用户（学术界和非学术界）及 ESDS 的数据保存者。对注册用户和数据保存者的两项研究结果进行综合推断和加权，从而获取全面的结果。

大多数经济分析的重点是阐明 ESDS 数据服务给其用户带来的不同层次的经济利益，以及反事实分析——即在没有该设施存在的情况下会发生什么。该研究还探讨了经济分析的政策影响。这里没有对政策影响进行定量研究，而是采用案例研究来说明产生这些影响的更深层次背景，同时提供对政策等领域产生的可量化和不可量化利益的深层理解。

评估小组将该项评估研究的范围形容为“雄心勃勃”，评估小组建议在以后的研究中能够增加研究时间（或缩小研究范围）。

2. 实证研究范围界定

该研究的第一手数据主要是通过 25 次访谈和两项调查（用户和数据保存者）获得的。除了已注册的在校生和研究生，以及少数非英语国家、非欧元区国家的已注册授权用户外，这项研究针对所有注册用户。分析表明，在调查中排除学生和大学生用户对经济分析的影响不大。除上述情况，接受调查的受访者均是自愿的：①从用户的角度看，他们通过自己在 ESDS 上的注册让 ESDS 能够联系到他们；②他们会对调查做出回应。

受访者由 ESDS 的工作人员根据用户、数据保存者和其他利益相关者的信息，并根据对 ESDS 文档的分析来确定。与 ESRC 协商后，确定候选受访者名

① http://www.jisc.ac.uk/publications/reports/2010/keepingresearchdatasafe2.aspx#downloads。

单的优先顺序。

E.2.4 数据采集方法

（1）资料调研；

（2）25 名受访者均为重要的利益相关者——包括 ESDS 工作人员、用户、学术型及非学术型组织的数据保存者、政策制定者和执行者；

（3）对数据保存者和 ESDS 注册用户进行了两项在线调查——发出 6773 份调查问卷，其中收回 1178 份（占 17%）的调查问卷。

E.2.5 数据来源

该项评估审核了各种来源的数据，包括 ESDS 用户及其所使用的数据、其他学科研究数据基础设施的评估数据、访问英国和国外同类服务的成本数据。主要数据来源包括以下几点。

（1）现有的评估文献和报告；

（2）ESRC 和 ESDS 收集的内部数据（如用户注册、下载量和研讨会、数据采集、运营和活动费用等数据），内部报告和 ESDS 中期评估报告；

（3）英国国家统计局办公室（ONS）、OECD 和欧盟统计局；

（4）ESDS 工作人员、ESDS 用户（包括学术型用户和决策者）和数据保存者。

E.2.6 分析方法

经济影响分析方法多种多样，从最直接的利益评估开始，这些利益可能代表了对 ESDS 数据服务利益的最低估计和对更广泛经济利益的估计。主要包括以下几点。

（1）投资价值和使用价值——花费在生产/获取 ESDS 数据和服务上的时间和资金代表了 ESDS 产生的最小价值；

（2）条件价值——用户愿意获取 ESDS 数据服务的最高价格、愿意继续使用 ESDS 数据服务的最高价格代表了 ESDS 对他们产生的价值；

（3）消费者盈余——总支付意愿减去获取成本代表了用户从 ESDS 中获得的利益；

（4）净经济利益——用户获得的收益减去获取 ESDS 数据服务的成本即净经济利益；

（5）效率收益——用户通过 ESDS 获取科研与教学效率提升方面的收益代表了 ESDS 对其用户群体的影响。

数据建设和基础设施投资中的回报增加——对投资回报潜在增长的估计源于 ESDS 推动的其他额外用途，这表明 ESDS 对投资者、数据建设者/保存者和用户群体产生了影响。

评估小组发现很难确定案例研究对政策制定和执行产生的直接影响。由于归类与时滞问题，这是一项具有挑战性的任务。

E.2.7 优势和不足

该研究采用多种方法（包括定性和定量方法），将成本和利益的直接评估与条件价值评估相结合，并辅以案例研究，对 ESDS 为其用户带来的利益进行了全面分析。

这项研究产生了一系列能够与其他评估和研究相媲美的指标，包括投资价值、使用价值、WTP、消费者盈余、净经济利益和 ROI 等指标。

条件价值评估法的一个明显优势在于能捕捉到非市场利益。此外，该方法并不是从实际选择中推断利益，而是直接询问用户，他们愿意支付多少价格来购买数据和服务。然而，条件价值评估法的应用复杂、周期长且成本较高。为了收集有用的数据，提供有意义的结果，调查表要精心设计，要进行小样本的先验测试，在真正实施中样本量要足够大。

案例研究为量化经济分析提供了一个很好的补充，为研究政策影响提供了更广阔的思路。然而，由于影响的归类和时滞等方面的原因，该报告在分析对政策和实践的直接影响方面面临挑战。

E.2.8 结果

1. 经济影响

测度最直接的经济效益反映了 ESDS 数据服务对其有效注册用户群体产生利益的最低估计，每年约为 2300 万英镑（不包括学生和大学生用户）。在采用条件价值评估法估计时，这一数据被改写了。因为使用者愿意支付的金额每年约为 2500 万英镑。消费者盈余每年约为 2100 万英镑（扣除用户的存取成本），净经济利益（扣除运营成本）每年约为 1800 万英镑，是 ESDS 运营预算的 5 倍之多。

在采用条件价值评估法的典型案例中，用户能够接受的访问 ESDS 数据服务的价格要比实际高很多，每年为 1.11 亿英镑。

该研究通过 ESDS 对其有效注册用户群体（不包括学校和大学生）的效率影响来评估 ESDS 数据研究设施所产生的更广泛的经济影响和经济利益，这一数值为每年 6800 万英镑到 1.12 亿英镑，如果用户群体进一步扩大的话，每年则至少为

1 亿英镑。研究表明，ESDS 数据研究设施服务推动了年度数据投资回报的增长，在过去 30 多年中，这一回报额度从 5800 万英镑增加到了 2.33 亿英镑（NPV）。

假定数据基础设施的运营成本每年约为 2300 万英镑，这意味着将有 2.5 倍至 10 倍的 ROI。

评估小组将这些研究结果与过去 10 年中报道的可比较的研究基础设施的经济影响进行对比，得出结论，尽管 ESDS 数据服务的成本比学术型、专业型和公共图书馆的服务稍微高一点，但其性价比仍然可同它们相媲美。

2. 政策和实践影响

我们进行了三个案例研究，将经济评估置于具体情境中。这些案例研究反映了 ESDS 数据集的广泛用途，并聚焦于气候控制、持刀犯罪及肥胖等方面的重大决策问题。

3. 更广泛的利益

评估报告包含了 ESDS 产生的更广泛利益，并对直接利益和间接利益（扣除成本）、短期利益和长期利益、私人利益和公共利益进行了区分。这些利益中的一些例子见附表 7。

附表 7　EDSD 产生的更广泛利益举例

直接收益	间接收益
为科研人员和教师节约时间和资源	无需重新创建数据，可信的数据仓储免去了重复构建数据库的费用
由于相关引文信息和工具，增加数据引用验证研究	可在数据库建立的早期阶段降低归档成本，提高其可用性
得益于正确的数据集发展政策，通过增加数据的使用提供新的研究机会	为新用户提供数据
近期收益	**长期收益**
对当前科研人员和学生的价值	数据长期保存
不同类型数据的单点获取	为未来的科研人员和学生提供高质量的数据
提高数据的获取速度	数据集随时间增长和发展而产生集聚效应，数据价值不断增加
个体收益	**公共收益**
科研资助者的收益	提供高质量独特数据
数据服务提供商资助者的收益	激发新研究
科研人员的收益	推动难以实施的研究

资料来源：Charles Beagrie and The Centre for Strategic Economic Studies，2012

E.3 巴特尔技术合作实践组织对HGP经济影响的评估报告（2011）

E.3.1 引言

巴特尔技术合作实践组织对HGP产生的经济影响进行了评估，其评估报告于2011年5月公开。该报告对HGP对美国经济产生的影响进行了介绍。HGP是由美国主导的全球性人类基因解码计划，但该报告侧重美国政府在该计划中的财政支出，以及该计划在美国产生的相关经济利益。

这项评估委托给了美国生命科技基金会。该基金会是美国生命技术公司的一部分，该公司是年产值370亿美元的生物技术公司。

该评估报告可从巴特尔技术合作实践组织及美国国家人类基因组研究所[美国国立卫生研究院（NIH）的下属单位]的网站上下载[①]。

E.3.2 方法论

这是一项有关ROI的分析，该分析将美国政府1993~2003年十年间在HGP投资38亿美元（约合25亿英镑）与该计划对美国经济和基因组产业产生的综合影响进行了对比。结果表明，美国联邦政府在HGP中的ROI为1∶141。

巴特尔的分析师用投入/产出方法研究HGP的支出、更广泛的基因组学研究费用支出（如由DOE主导的研究项目），以及国家基因组学相关行业。该报告共评估了三种不同类型的经济影响：直接影响、间接影响和引致影响。直接影响是指特定支出，例如，NIH和DOE每年给予基因组计划的资助，或由经济部门，例如，医药部门给予基因组研究的资助。间接影响是指对相关行业中供应商的影响，如提供服务、试剂和设备的公司等。最后，引致影响是指供应商及其员工在整个经济体中的消费所产生的后续影响。

该研究采用与HGP相关的事后联动影响（支出影响）和事前联动影响（功能影响）的方法。在研究中，绘制了应对HGP支出影响和功能影响的人类基因组测序影响的整体图示，详见附图6。

研究小组采用的具体方法包括以下几点。

（1）对美国直接和间接经济影响的定量测量，主要依据HGP的实际支

① http://www.genome.gov/27544383。

出及联邦政府在重大基因组科学计划中的后续支出。该方法通过采用 IO 分析加以量化。

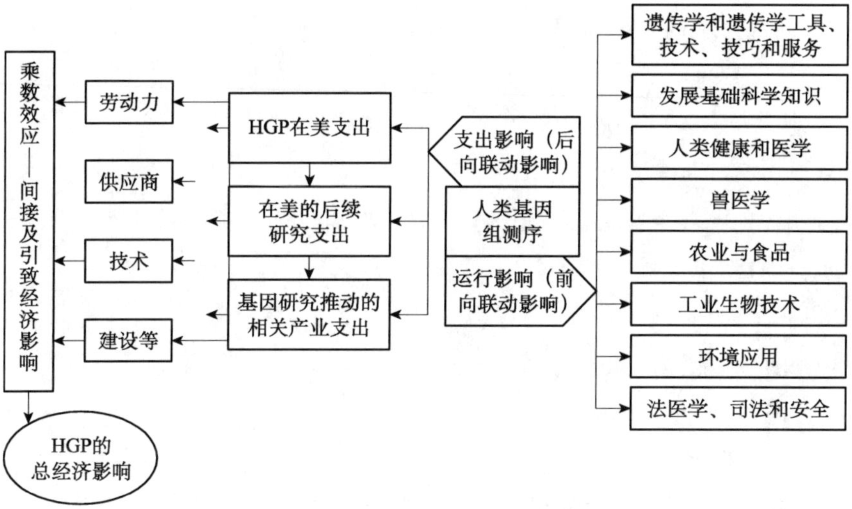

附图 6　HGP 的前向和后向联动影响结构图

（2）对美国“基因组学和基因组学相关产业”的经济影响进行定量评估，承认 HGP 和相关计划是该行业发展不可或缺的组成部分。

除了分析直接影响、间接影响和引致影响外，评估人员还对 HGP 对六大应用领域（人类健康，动物医学，农业和食品，工业生物技术，环境，以及法医学、司法和安全领域）的运行产生的影响进行了研究。

E.3.3　评估问题的范围界定

该评估报告的主要目的是通过评估 HGP 的经济影响和功能影响，填补这一研究在文献方面的空白。

评估的范围是美国政府资助的研究计划和美国的受益者。HGP 是联邦政府在 1990~2003 年度资助的计划（但将该计划 1988 年和 1989 年的启动资金也包括在内）。

部分经济影响分析仅关注破解人类基因组密码全过程中的关键工作。然而，人类基因组密码的破解凝聚了许多公共机构和私立机构研究人员的多年心血，如赛莱拉基因组公司在实体研究工作中发挥了重要作用。该研究在对 HGP 运行影响分析中包含了所有这些贡献。

E.3.4 数据收集方法

该研究的数据收集方法包括以下几点。

（1）对本领域的重要领导者进行访谈；

（2）专家意见；

（3）从 Walls & Associates 公司、NIH 和能源部获取二手数据。

E.3.5 数据来源

（1）由 Walls & Associates 公司开发的国家企业时间序列数据库（NETS）数据库（以邓白氏年度数据为基础）；

（2）美国药品研究与制造商协会（PhRMA）；

（3）NIH 和能源部数据库（研发历史数据）；

（4）NETS 数据库（就业历史数据）。

E.3.6 分析方法

采用只适用于美国的 IO 模型来评估间接影响和引致影响，该模型是一个广泛用于计算经济影响的 IMPLAN 系统软件平台。巴特尔找出六个能够映射到 IMPLAN 中且同经济部门最相关的部门，具体如下（括号中为 IMPLAN 中的部门）。

（1）与基因组学相关的生物信息学（自定义计算机编程服务）；

（2）基因组及相关测试（医学与诊断实验室）；

（3）与基因组学相关的生物制品和物质诊断（生物制品与诊断）；

（4）基因组仪器与设备（分析实验室仪器生产部）；

（5）基因组学 R&D /基因生物技术（科技研发服务）；

（6）药品与制药（药品与制药）。

该模型着眼于 23 年间（1988~2010 年）在美国整个经济中，这些经济部门间的贸易往来及对“就业、个人收入（包括工资和福利）、经济产出、州和地方税收收入（包括收入和财产税）和联邦税收（包括社保缴费）”可评估的影响。

E.3.7 优势和不足

本研究的主要优势在于，能够将研究经费支出与美国经济中分别列出的相关的经济部门合理地联系起来，并通过 IMPLAN 软件完全捕捉到这些部门。在这一意义上来讲，对间接经济影响和引致经济影响的评估应该比简单地采用取自一般 IO 表中的乘数更准确。

该报告还详细阐述了基因组学研究及其未来潜在的各种创新，然而，还有很多定性分析（案例研究）不能货币化，无法整合到经济分析中。

本研究的主要不足在于，假设美国基因组学行业的发展完全是由 HGP 的实施带来的。尽管 HGP 可能极为重要，但将整个行业的发展全部归于该计划似乎不合理。在其他研究中，行业分析的相关性也有点模糊。这是一个历史时刻，是一个大型计划，是根本性的突破，是一个行业的起飞，其他行业不可能复制。

E.3.8 结果

该研究发现，人类基因组测序产生的经济影响和功能影响非常之大，波及面很广。1988~2010 年，HGP 的相关研究及产业活动，直接或间接地创造了高达 7960 亿美元（约合 5250 亿英镑）的经济产出，个人收入超过 2440 亿美元（约合 1610 亿英镑），并创造了 380 万个就业机会。

2003 年，美国联邦政府投入 38 亿美元用于 HGP 的研究（2010 年为 56 亿美元）。这项投资是产生上述 7960 亿美元经济产出的基础，从而产生了美国经济 1∶141 的 ROI，即联邦政府在 HGP 的 1 美元投资产生了 141 美元的经济产出。

仅在 2010 年，基因组学的相关产业就创造了 37 多亿美元的联邦税收和 23 亿美元的州及地方税收。这一年的收入相当于还给了联邦政府对 HGP 近 13 年的投资。

该研究报告包含了在基因组学工具、技术和工艺的发展中，对可见的运行影响的案例研究。该报告在其最后部分探讨了基因组学各种发展路径产生的未来影响。

E.3.9 进一步的研究

人类基因组测序使人们对基础生物学和生物分子生命过程的理解产生了深刻而颠覆性的影响。此外，HGP 所领导的大规模测序计划，推动了先进测序设备和技术的迅速发展，催生了一个完整的以基因组学为基础的技术领域。当今的测序平台能够以之前从未想到过的速度分析整个基因组。基因组序列信息在广大科学与技术学科中非常实用。在人类生物医学中，由于人类基因组学的发展，一种新的高级诊断性测试方法已经开发出来，药物基因组学领域正成为个性化医疗和新兴生物医学应用的支柱，如基因治疗和再生医学。此外，人类参照基因组和现代基因组学技术，已经对科学和实用技术在人类医学多个外部领域中的资源部署产生了显著影响。HGP 及相关计划还推动了兽医学、农业与粮食生产、林学、环境科学、工业生物技术、生物燃料开发与生物安全，以及法医学等领域的知识和技术进步。

E.4 SQW 咨询公司对英国大型研究基础设施的经济影响（2008）

E.4.1 引言

该报告从就业、支出和知识转移等角度回顾了英国五大研究基础设施所带来的经济影响，即 SRS、DLS、ISIS、欧洲联合环（JET）及 EBI。该报告主要对英国的研究基础设施进行研究，而不涉及国外的同类设施。

该研究受英国原创新、大学与技能部（DIUS）委托，以强化大型科学投资的影响为目标。委托 SQW 咨询公司在 2008 年进行的一项外部评估，评估报告的具体内容可在 BIS 网站上免费获取[①]。

E.4.2 方法论

研究小组围绕设施租用和支出产生的经济影响进行分析，评估了对当地经济总产出和就业的影响。研究小组还对五大科学设施产生的直接经济影响进行了对比，特别关注了就业的地理位置（根据工资和职位）。这项研究并没有超出对直接经济影响的计算，也不尝试去计算间接影响和引致影响。该研究强调英国研究基础设施对其所在地的影响及对供应商和用户（包括企业界和学术界用户）的分析，评估了集聚效应对所在地的影响，阐明了英国研究基础设施所带来的益处。

该研究将对背景信息的资料调研与对研究基础设施的多重访谈、考察和定期咨询数据相结合，还包括对供应商和用户的访谈数据——采用结构化备忘录对研究基础设施学术界和商业界的用户及供应商进行访谈获取的数据。尽管该研究采用的数据采集方法将各种方法进行了集成，但并没有采用一个稳定的分析方法，却采用了一种相当描述性的形式对所获得的信息进行了分析和

① http://www.bis.gov.uk/assets/BISCore/corporate/MigratedD/ec_group/0000000050-08-S_on.pdf。

展现。

E.4.3　评估问题的范围界定

1. 研究问题的范围界定

该报告是对英国五大研究基础设施的影响进行评估的最终报告。它既关注这些设施经济影响，也关注其科学影响。本次评估是受原创新、大学与技能部委托，旨在加强大科学投资产生影响的证据的获取。其研究的重点问题是，研究基础设施所在地经济和英国研究基础的变化是否因为将五大研究基础设施布局在英国而非其他地方所引起的。

本评估的影响主要分两大类：科学设备本身对设施所在地所产生的经济影响和社会影响，重点关注其对所在地经济的影响；对英国研究基础发展的影响，以及对研究基地产生的后续经济影响。

2. 实证研究的范围界定

实证研究将五大研究基础设施包括其中，它们是各种实验设施及各类管理和资助模式的代表，同时也反映科学设施的不同生命周期的发展阶段。该研究中的设施主要包括以下几点。

（1）SRS 是由英国科学基金委员会资助的重要研究基础设施，是世界上第一个二代同步加速器；

（2）ISIS 是由英国科学基金委员会资助的当时世界上最先进的散裂中子源项目；

（3）JET 是一个泛欧洲的核聚变项目；

（4）DLS 是由 STFC 和英国慈善机构——威康信托基金会联合资助，其作为一个独立的英国公司由这两家机构共有；

（5）EBI 位于剑桥市的辛克斯顿，是海德堡欧洲分子生物学实验室（EMBL）的一个分部。

除了上述研究基础设施的工作人员外，该研究还包括了供应商和用户（包括学术界和工业界用户）。

E.4.4　数据收集方法

因研究基础设施不同，获取数据的范围也不相同，每个都会单独讨论。基础数据从这些设施的工作人员收集而来。其他主要的定量和定性数据则通过与供应商和这些设施的用户（包括学术界和商业界用户）进行访谈和讨论获得。

该研究还通过这些设施获得了有关就业和支出方面的基本数据。这使得该研究能够对“商品和服务及就业方面的支出产生的经济影响”进行讨论和评价。虽然分析人员尝试在协商时获取研究需要的最新数据，但每个科学设施的时间范围并不相同。

该研究对英国 27 家科学设施的供应商进行了访谈。这些访谈旨在研究供应商是否能够获得合同之外的额外利益（商业利益、营销利益和技术利益）。供应商根据科学设施确定而非随机选择确定。由此产生的结果被制成一个表格，以描述该报告的研究中及更大的全球市场中其他设施所需产品的交叉供应矩阵。

除了对供应商进行访谈外，该研究还对 DLS、ISIS、EBI 和 SRS 学术界的多个用户进行了访谈。各科学设施的访谈人数不同。

（1）ISIS：对 19 名学术型用户进行访谈，这些用户曾至少参与了 ISIS 的一次实验（LOQ 光束线站）。遴选英国不同地区的受访者，期望通过不同城市大学的研究人员样本来研究科学设施的位置产生的影响。

（2）DLS 该研究对 5 名研究人员进行了访谈，其中 1 人来自研究理事会实验室，其余 4 名则来自英国的各个大学。受访谈者中有 3 人从事蛋白质晶体研究，专注于蛋白结构及其分子间的相互作用研究。另外 2 名研究人员则专注于纳米技术应用领域的研究，其中 1 人从事纳米化学研究，1 人则从事纳米物理学研究。

（3）SRS：从光束线站应用时间登记表收集数据，该表记录了光束线站使用用户和次数的数据。

（4）EBI：4 位受访者来自剑桥大学，他们的研究领域是生物信息学、遗传学和基因组学方面的计算研究。

E.4.5 数据来源

（1）除了 JET 的信息是从以前的研究中获取外，通过科学设施可以方便地获取有关就业和支出方面的基本数据。

（2）从供应商和用户（包括学术界和企业界用户）处获取数据。

E.4.6 分析方法

该研究使用第一手数据（访谈所得）和由研究基础设施本身提供的二手数据。JET 提供的数据能够使评估人员深刻认识研究基础设施对特定领域的影响，如就业和采购。

E.4.7　优势和不足

这项研究为识别重要的经济影响做出了重要贡献。该研究并没有评估研究基础设施产生的绝对利益（和成本）。这些利益（和成本）从根本上依赖于科学设施所推动的科学产出的质量和效果。

研究基础设施对英国的贡献将取决于英国的国家研究战略，英国利用这些研究基础设施的能力将依赖其现有的和发展中的科学能力，这些问题都在本次研究的范围之外。

这项研究为大型研究基础设施将其知识和技术转移给它们的供应商提供了很好的例子。然而，根据签订的合同数量来看，这些访谈并没有表明这种转移正在大规模发生。供应商把这些技术进一步转移到其新产品或新市场的能力似乎有限。一个例外是，同步加速器的供应商的先进产品和服务在全球许多研究基础设施（包括一些建设中的）中引发了持续需求。

研究人员提供的证据表明，大型研究基础设施正在做出有价值的贡献。然而，这一观点需要在特定的案例中解释以证明其正确性。

E.4.8　结果

所有研究设施都对其就业模式产生类似的影响，因为它们都创造了额外的就业机会（其数量很显然取决于投资规模），那些被雇佣的人几乎都是当地居民，其邮编与研究基础设施所处地点的邮编相同。这一现象在科学岗位上的体现尤为明显，实际上当地居民占了绝大部分的工作岗位，ISIS 一半的雇员都为当地居民。

总部位于英国的公司已经成功地掌握了“低技术”含量的供货合同。这主要是指施工设备和服务方面的合同，这类合同的数量非常可观。然而，他们在把握“高技术”含量的合同方面却不太成功。各个科学设施的“高技术”含量合同都很少有当地的供应商。科学设施建在英国也带来一些发展机遇。这些机遇被访谈的所有用户一致认可，这也许是英国的研究人员具有全球竞争力，且能够使用国外研究基础设施的原因之一。

证据表明，这五大研究基础设施正在为以技术为基础的集群做出贡献。该报告确认了下列各种关系，但并不是与各种类型的大型研究基础设施都有关。

（1）供应商接收到来自大型研究基础设施的知识输送，其中一些供应商处于同一个集群中。

（2）技能发展——在各类大型研究基础设施工作的技术人员和工程师开发了企业高度重视的技能。在与供应商的交流中，研究人员发现各类大型研究基础设施的工作人员并没有被任何企业聘用；研究人员发现了员工的反方向流动，公共部门拥有相对具有吸引力的就业条件。

（3）与所在地大学及外地大学的互动——达斯伯里的克罗夫特中心为 3 所大学合作伙伴提供了一个实体的互动场所，在哈维尔也有类似的发展计划。EBI 正积极与剑桥大学的工作人员接触，并寻求与其邻居威康信托基金会桑格中心的合作。该设施还通过举办研究生培训及邀请大量来访科学家的方式增加其与英国研究人员接触的机会。

（4）研究基础设施非常重要的一个方面是，它们一般会招聘众多英国以外的科学家和技术人员。

（5）证据表明，各种大型研究基础设施正促进高科技集群的发展，评估人员预计这一趋势在未来将继续持续下去。这些集群一般都早于研究基础设施的成立，并且研究基础设施在总的科学投资中的占比相对较小。因此，本研究也怀疑研究设施是否能够靠它们自己形成集群并推动其发展。

在直接的经济影响方面，更大的、更昂贵的研究基础设施可能会通过建造、采购、员工数量等对经济产生更大的影响。这样的经济效益将从任何类似的投资中得到，例如，对某大型酒店、赌场、医院的投资，同样可以获得相同的经济效益。本研究关注的是，大型研究基础设施能够在多大程度上推动更广泛的科学/知识效益的发展，而这些效益是无法通过投资大型酒店、赌场、医院而实现的。

E.5 CBRE 咨询公司对伯克利实验室经济影响的评估（2010）

E.5.1 引言

这是由 CBRE 咨询公司进行的一项评估伯克利实验室经济影响的研究。该研究已于 2009 财年完成，并于 2010 年将研究结果发布在了该实验室的网站上①。

① http://www.lbl.gov/community/pdf/CBRE-LBNL-Economic-Impact-Study-FINAL.pdf。

伯克利实验室在 2009 年委托 CBRE 咨询公司实施了这一评估，以展示其对当地社区、周边地区及其他外部区域的影响。为实现本次研究的目的，CBRE 咨询公司重点关注了该实验室对就业、工资及地方和区域开支等方面的影响。2009 财年执行的这项研究是对以往研究的一次更新，因为 CBRE 咨询公司曾在 2005 财年对该实验室进行类似评估，其最终研究结果于 2007 年 7 月公布。

E.5.2　方法论

本研究进行的经济分析包括对伯克利实验室在薪资、采购、实验室支出及更大经济体中的再支出效应进行评估。为了计算更广泛的间接影响和引致影响，本研究采用了一个 IO 模型进行经济乘数分析。该模型由美国农业部开发，被称为 IMPLAN。这里，间接影响和引致影响被集成分析。

本研究还采用同一模型对 30 家初创公司产生的直接、间接和引致经济影响进行分析，这些公司自 1990 年以来的 20 年间已经拥有了多家子公司。

E.5.3　评估问题的范围界定

1.研究问题的范围界定

这项研究的主要目的是描述在不同地理位置的国家实验室对不同区域范围的经济影响——从最直接的当地级到区域范围更广的级别，直至整个国家。评估人员对实验室在六个不同的区域范围的经济影响进行了分析，即伯克利市、核桃溪市、埃默里维尔市、旧金山湾区（九个县）、加利福尼亚州和美国。评估区域的选取与实验室的运行位置相一致，包括伯克利市的主要实验设施，以及远离伯克利主城区的附属设施。

本研究的范围涵盖了实验室的所有支出，以及在美国经济中的受益者。该研究在结果的呈现上并没有区分不同的行业或部门。

2.实证研究的范围界定

伯克利实验室提供的数据录入一系列由 CBRE 咨询公司准备的电子表格中。所有收集和分析的数据都来自最近一个财年（2009 财年），这些数据均可以从伯克利实验室获取。其目的是提供一个关键经济变量的模板，采用这一模板能够以最小的成本对实验室的经济影响进行定期评估和更新。

这项研究在时间框架上也可以与以往的同类研究对比，并对潜在投资的未来经济影响进行预测。该评估报告力图将 2009 财年的研究结果与 2005 财年的同类研究进行对比，对实验室可能增加的 2.21 亿美元的预算在未来产生的影响进行评估。其中，对未来直接影响的预测乘以在 2009 财年的分析中得到的加权平均乘数。

E.5.4 数据收集方法

（1）资料调研；

（2）伯克利实验室提供给评估者的数据包括工资数据、商品和服务采购数据、经费支出数据及初创公司数据等；

（3）通过访谈进一步确认从伯克利实验室获取的数据。

E.5.5 数据来源

（1）伯克利实验室；

（2）政府官员；

（3）市、县文件；

（4）乘数——按地域划分的 2008 年的 IMPLAN 乘数表。

E.5.6 分析方法

在对实验室的薪金、商品和服务采购及经费支出方面的直接支出进行分析时，评估小组与实验室一起将对这些支出的评估限定在那些已被确认的且正在发生影响的特定区域范围［即伯克利市、核桃溪市、埃默里维尔市、旧金山湾区（九个县）、加利福尼亚州和美国］。在分析中，对 30 家初创企业也在相同的区域范围内进行评估，将企业的业务活动与相应的地理范围进行匹配。

基于这些评估，该研究使用 IMPLAN 模型来计算间接影响和引致影响。这一模型将整个经济活动划分为 440 个独立行业，并拥有美国各区域的综合数据。

为计算支出的间接影响和引致影响，CBRE 咨询公司将实验室的所有采购支出和工资支出归属到 IMPLAN 的行业分类中，并使用 IMPLAN 乘数表进行分析。IMPLAN 模型引入了区域购买系数，以衡量贸易流量（从本地生产商购买的占本地能够满足的购买其需求的比重）。

对 30 家初创企业所产生的经济影响的计算主要基于就业数据，同时，支出和工资特征将参照行业的“平均数”进行评估。

E.5.7 优势和不足

本研究详细分析了各个区域中直接、间接和引致的经济影响，并分别分析了研究基础设施对所在地、区域及国家的经济影响。IMPLAN 采用本地级别的 IO 模型，该模型可以通过特定行业的系数来评估研究设施的经济影响。IMPLAN 模型不仅可以用于分析大型研究基础设施的经济影响，也可以用于分析经济部门对经济的影响，提供的结果可与其他研究进行对比。并以自动化和标准化方式进行数据的采集，从而便于进行历史分析和未来预测。

该研究的不足之处是没有分工业部门来呈现经济影响，也没有计算 ROI。

E.5.8　结果

这项研究表明，实验室在对所在地经济的影响中充当了增加当地居民就业和收入的催化剂。据估计，伯克利实验室在旧金山湾区的支出占其总支出的 72%。其对国家经济影响也很显著，伯克利实验室每一个全时聘用人员都能为美国创造 3.3 个就业岗位。在全国范围内，实验室 3.207 亿美元的直接工资支出创造了 4.005 亿美元的间接个人收入和引致个人收入，对个人总收入的影响为 7.211 亿美元。

该研究还表明，技术转移到初创公司对经济产生了重要影响。由于初创公司代表了就业的总体水平，这一影响超出了实验室本身对经济的影响。初创公司及其供应商和相关员工的支出对美国经济的影响总额高达 28 亿美元。

E.6　Erkko Autio 等对 CERN 采购活动引发的技术转移和技术学习进行评估（2003）

E.6.1　引言

这是由赫尔辛基物理研究所和 CERN 合作进行的一项研究。实证研究工作在 2002~2003 年度的秋冬季进行，最终的研究报告发布在 HEP 的网站上[①]。

E.6.2　方法论

本报告对实证研究进行了介绍。本实证研究试图定量分析 CERN 供应商从 LHC 的相关采购活动中获得的创新和经济利益。该研究在大科学中心的背景下回顾了技术学习和创新效益的产生。在初始阶段，研究小组采用质性资料分析方法进行了一系列的案例研究。这一理论框架概述了这些利益最有可能实现的

① http://www.hep.ucl.ac.uk/%7Emarkl/pp2020/CERN_ProcurementBenefits.pdf。

条件，还定义了影响已实现利益大小的因素，并通过收集经验数据提供了一个测试点和测试假设。

通过访谈 CERN 的物理学家和工程师，选择与评估最相关的调查受访人。调查结果能够使评估小组在理论框架的基础上验证假设。调查问卷询问有关四类成果及其在与 CERN 的合作项目中的归属问题，即技术学习、市场学习、组织和绩效。

通过分析收集的数据使评估人员能够对他们的模型进行测试。例如，他们分析了关系管理与关系结果变量之间的二元相关性，理解这些关系在实践中是如何发挥作用的（根据他们的模型、CERN 与供应商之间关系的学习成果依赖于特定的关系特征）。

E.6.3 评估问题的范围界定

1.研究问题的范围界定

本项研究将大科学中心，例如，CERN 视为技术学习和创新的环境，主要目的是检验 CERN 的产业创新和学习环境。尽管本研究已定量分析大科学中心采购预算的直接财务影响，研究小组还是试图超越定量的 IO 研究。

这项研究的具体目标如下所示。

（1）确定 CERN 的供应商在与 CERN 的互动中可能获得的各种技术、市场、组织及其他学习和创新方面的益处；

（2）开发定量分析学习收益和创新收益的指标与方法；

（3）通过 CERN 近期的大规模建设安装工程，对学习收益和创新收益的量级进行经验评估；

（4）探索各供应商公司和供应商项目之间如何分配学习收益和创新收益；

（5）识别并评估各公司、各项目中学习收益和创新收益的各种组织影响因素；

（6）为进一步扩大 CERN 采购活动中产生的技术学习和创新影响提供建议。

研究重点是 CERN 的供应厂商获得的技术、市场及其他形式的学习和创新利益。由于学习方面的利益难以跟踪且只能进行定性衡量，IO 研究已广泛用于对 CERN 采购活动产生的财务影响进行分析，学习收益和创新收益的直接经济量化超出了本研究的范围。

2.实证研究的范围界定

选定的实证研究时间段主要集中于 LHC 采购及相关原型的开发阶段，所有在此期间与 CERN 有业务往来的公司都包含了进来。为了使回忆偏倚最小化，选择 1997~2001 年度的数据进行分析，回忆偏倚将使早前与 CERN 的互动数据失真。在一份 20 余万瑞士法郎订单的清单中，还包括了曾作为 LHC 项目供应商的日本公司和美国公司。这份初步名单包含了 6806 家公司，总订单金额为 21.32 亿瑞士法郎。

这一名单采用了若干选择标准将技术密集型的采购和项目区分出来（不包括小项目、土建供应商及提供简单服务的现成标准产品的供应商）。

经过联系 CERN 各个项目的技术协调人，剔除没有重大技术的项目。最终产生了 CERN 高科技供应商的最终名单，共有 612 家公司。这些公司分布在 CERN 的所有成员国中，其中有 7 家公司来自美国，10 家来自日本。

E.6.4 数据收集方法

这项研究采用的数据收集方法是资料调研（将供应商数据和采购数据集成起来），通过访谈验证企业名单，进行基于质性资料分析的案例研究及两个问卷调查研究。

这些案例研究的目的是基于大科学与供应商的关系开发出描述影响组织学习的理论框架（Autio 等，2003）。该框架随后将用于对 CERN 的供应商的大规模调查。

对供应商的问卷调查在 2002~2003 年度的秋冬季进行。

该研究对 CERN 负责协调采购的工作人员进行调查，在结束对 CERN 与其供应商关系的探讨时对学习效果和协作成果进行分析。调查的重点是同 CERN 相关的学习收益、组织收益，以及 CERN 的供应商公司凭借其与 CERN 的关系而获得的其他收益。本次调查问卷根据最佳调查实践进行设计：多尺度方法用于测量预测变量和结果变量，调查规模是验证过的可行规模。通过密切相关的理论框架来开发 CERN 的变量表。所有变量表在访谈测试前都要进行预测试，从这些测试中得到的反馈用于消除不一致情况及潜在误差。

对供应商的调查问卷[①]准备了英语、法语、德语、意大利语、西班牙语和葡

① 英文版的 10 页调查问卷包括在公开发布的报告中。

萄牙语等多个语言版本，最大限度地消除语言障碍造成的误解。通过纸质版、邮件及在线网页等形式发放调查问卷，并采取一切必要措施对采集到的信息进行保密和保护。问卷中的分析工作作为供应商独立的项目进行。

CERN 的内部问卷与在对供应商的调查中使用的问卷非常相似。该问卷在编写时仅使用了英语和法语。除了分析 CERN 的学习影响，CERN 内部调查的主要目的是提供能够交叉验证 CERN 供应商公司数据的数据。在问卷的验证阶段，评估人员就发现，与供应商公司的互动为参与采购项目的 CERN 人员提供了相当显著的学习和能力发展方面的益处。因此，决定对这一点进行单独分析也是必要的。

E.6.5 数据来源

CERN 的物资、采购及后勤部门分年份和数量提供了供应商和采购订单的初步清单。这份清单包含了订单信息（如对采购合同和金额的介绍）、公司信息（公司名称、联系人、地址、电话、传真），以及 CERN 采购员和技术协调员的名字。CERN 的技术协调人参与了样本抽取（见 E.6.3）。CERN 的供应商通过调查提供了自己的估计和判断。

E.6.6 分析方法

该研究采用描述性统计分析、逻辑回归和多重回归分析作为主要统计分析方法来分析调查数据。进行这些分析之后，评估人员将对关系结果变量与其预测因子之间的二元相关性（及各种结果之间如何彼此相关）进行研究。

E.6.7 优势和不足

本研究首次经验性地验证了与大型研究基础设施采购活动相关的创新和学习收益。其主要优势在于发现了 CERN 与其供应商关系中影响学习和创新成果的一般决定因素。

评估人员的目的是让人们理解大科学中心在为技术学习环境方面做出的贡献。他们展开了一项调查，着重分析 CERN 技术密集型的供应商公司凭借其与 CERN 的供应商关系而获得的创新及学习收益。采用这一方法，他们论证的大科学产生的影响要比之前通过 IO 模型研究所获得的影响更大。IO 模型定量分析大科学中心的次级经济影响，并没有说明大科学中心在学习环境方面是如何做出贡献的。只有当人们理解了技术的学习和创新收益如何产生时，才可能进一步增加这些收益。该研究的发现有可能证明此方面的研究是有价值的，它不仅有益于进一步的研究，同时也有益于对大科学中心及其供应商公司的管理。

E.6.8 结果

该研究对研究人员、从业者和政策制定者都有影响。对于研究人员，研究结果表明，工业研究与公共研究领域之间的联系是多方面的，不同的研究机构在经济中可能拥有创造知识溢出的独有潜能。评估人员强调了一些推动产生这种溢出影响的相关机制，开发他们自己的经验评估方法。该研究表明，可以对这种独特潜能进行经验性的检验和评估，这一结果具有重大意义。

实证研究结果表明，CERN 对供应商企业的影响是可测度的，能够定量分析。该研究的主要结论是，非常重大的技术学习、市场学习、组织发展、新产品开发和绩效方面的收益都与 CERN 技术密集型的采购活动有关。这些收益在早期的研究活动中得到了推测，但在此之前从未明确报道过，该研究首次经验性地验证了与大型研究基础设施采购活动相关的创新和学习利益。

在数字方面，CERN 技术采购活动带来的创新和学习收益令人印象深刻。

（1）高达 38%的受访者称，已开发的新产品是供应商项目的直接结果。

（2）评估人员估计，在 1997~2001 年度，共有约 528 种新型工业产品和服务是由于 CERN 的技术密集型采购活动才开发出来的。

（3）大约 60%的公司由于 CERN 的供应商项目获得了新客户（除了 CERN）。评估人员估计 CERN 在技术密集型的采购活动中，已经对其技术密集型供货企业中的约 4400 位客户提出了供货请求。

（4）13%的 CERN 供货企业将其新 R&D 团队的创建视为 CERN 项目的直接结果。

（5）14%的供货企业建立了新的业务部门。

（6）17%的供货企业开辟了新市场。

（7）42%的供货企业提高了它们的国际知名度。

（8）44%的供货企业进行了技术学习。

（9）36%的供货企业进行了市场学习。

（10）没有 CERN，52%的供货企业将会有较差的销售业绩。

（11）没有 CERN，21%的供货企业将会有更低的就业增长。

（12）没有 CERN，41%的供货企业将会有较差的技术绩效。

（13）没有 CERN，26%的供货企业将在资产估值增长方面表现较差。

在结论中，评估人员强调了他们关于关系结果的三个重要发现。第一，营销效益（将 CERN 视为公司市场营销活动的参考）是目前 CERN 供应商关系研究中的通用结果。所有的 CERN 供应商都在它们与 CERN 的互动中获得了实在的参考价值。第二，分配不均匀的其他类型的关系利益——CERN 技术密集型的供应商中仅有 1%能够从它们与 CERN 的合作中获得明显更高的学习和创新收益。第三，各种关系结果显示出了相当强的相关性。这种相关性缘于各种利益有一起发生的倾向：如果关系成功产出了任何给定的结果，那么其他结果也将更有可能产生。

CERN 与供应商关系中学习和创新成果的一般决定因素如下所示。

（1）CERN 与其供应商公司之间的互动频率；

（2）互动的程度，通过公司人员与 CERN 人员在项目中的互动数量来衡量；

（3）关系型社会资本；

（4）结构性社会资本；

（5）公司在其与 CERN 关系中的投资。

E.7 Triarii 公司对“ESTEC 对荷兰价值”的评估（2005）

E.7.1 引言

位于荷兰诺德韦克（Noordwijk）的欧洲航天研究与技术中心（ESTEC）是 ESA 的主要技术开发中心。

该评估是受 ESA 和荷兰经济部的委托，在 ESA 成立 30 周年时进行的，以深入研究 ESTEC 为荷兰创造的价值。在此之前，有两个探讨 ESTEC 对荷兰经济利益影响的研究，但本次研究还额外提供了 ESTEC 对荷兰知识界影响的分析，这在之前的两份报告中并没有提到。

该报告在荷兰咨询公司 Triarii 的网站上可以公开获取，Triarii 公司进行了这次评估研究①。

E.7.2 方法论

这项研究的方法包括分析 ESTEC 创造的知识对荷兰知识界的价值，以及 ESTEC 所产生的宏观经济利益对荷兰经济的总体影响。

① http://www.triarii.nl/docs/Triarii%20-%20Value%20of%20ESTEC%20to%20NL.pdf。

为了展示这两种类型的利益，本研究对定量和定性数据进行了描述性统计分析及一个单独的宏观经济分析。该研究分两个阶段进行。第一阶段是从ESTEC的角度进行研究，对ESTEC与荷兰知识界之间的互动关系进行了分析。为此，该研究进行了一次资料调研，并在ESTEC内部进行了35次访谈。

第二阶段则从外部的角度进行研究。对ESTEC以外的选定机构进行访谈，并对宏观经济利益进行评估。本阶段还对支出和捐助进行了分析，以确定ESTEC为荷兰经济创造的总体经济利益。

E.7.3　评估问题的范围界定

1.研究问题的范围界定

第一个研究问题是有关ESTEC知识价值的测度，根据对ESTEC与荷兰知识界间的知识交流进行定性的研究。通过荷兰高技术企业与ESTEC的知识组合及上下游段的结合，使所描述的不同收益类型广泛存在于高层次的联系和荷兰的创新政策中，并聚焦每一个新创高技术公司，研究其对就业流动改善方面的影响。

第二个研究的问题是ESTEC在荷兰的运营成本（经由ESA和其他投资筹集）和支出问题。在本节中，研究小组分析了其自1980年以来的趋势，以便得出一些有意义的结论。

2.实证研究的范围界定

这项研究分两个阶段进行。第一阶段是从ESTEC的视角进行研究。为此，该研究进行了一次资料调研，并在ESTEC内部进行了35次访谈。

第二阶段从外部角度进行，包括对ESTEC之外的选定机构进行调查。这些机构来自政府（经济事务部、教育与研究部，诺德惠克市），公共知识基础设施（代尔夫特理工大学、空间研究院、国家航空航天实验室、荷兰应用科学组织空间研究所、乌得勒支大学与荷兰航空航天局），以及商业与服务业（包括孵化器、荷兰航天业与供应商）等。

E.7.4　数据采集方法

（1）资料调研；

（2）对ESTEC进行访谈；

（3）对ESTEC以外的组织进行访谈。

E.7.5 数据来源

该研究使用的主要数据是 ESTEC 与经济事务部的文献资料，包含成本和支出信息，以及有关案例研究的研究信息。

E.7.6 分析方法

多数情况下，该研究采用的分析方法是对从资料调研和系列访谈中获取的定量和定性数据进行描述性分析。

该报告没有详细介绍分析 ESTEC 宏观经济影响的方法和计算过程，在此不做评论。

E.7.7 优势和不足

该研究所采用方法的优势在于能够同 ESTEC 的内部及外部利益相关者进行广泛交流讨论，这使得评估者能够从这一互动中获得有关各种利益的信息。

由于无法明确各分析部分包含的内容及评估者如何实现这一评估，很难评价宏观经济评估方法的严谨性。

E.7.8 结果

该报告得出如下结论。

首先，ESTEC 为荷兰知识界创造出非常高的直接价值。ESTEC 是 ESA 的首要技术中心，是荷兰第六大研究机构，拥有 2010 名固定员工和合作者，其中约有 1200 人是工程师和科学家。ESTEC 用于研究与技术开发的资金约为 2.12 亿欧元（约合 1.83 亿英镑）（占其总支出的 6%）。此外，荷兰大量的航天集群均从这一知识发展中获益。上游的荷兰航天机构（为 ESA 的航天任务生产硬件）包括了约 40 家单位，从业人员 1100 人，年营业额为 1.7 亿欧元（约合 1.47 亿英镑）。荷兰航天机构中的更多部门是作为航天硬件服务的用户（如电信业、对地观测）间接从 ESTEC 获益。它们在这一领域的营业额预计为 20 亿欧元（17.2 亿英镑）。它们经常从获取 ESTEC 知识的大学中间接获益。

其次，ESTEC 与荷兰航天部门的互动尽管非常频繁，但仍有许多需要改进的空间。该报告发现，ESTEC 与荷兰航天机构能够通过许多机制从知识发展的相互投资中获益。该研究还表明，一些机制能够把握重要机会从而实现进一步发展。

最后，荷兰在 ESTEC 上的支出物有所值，因为 2004 年 ESA 在荷兰支出总额为 2.84 亿欧元（约合 2.45 亿英镑）。因此，在荷兰对 ESTEC 总计 0.88 亿欧元（约合 0.76 亿英镑）的资助中，每 1 欧元都对荷兰经济产生了 3.4 欧元的回报。

因此，荷兰对 ESTEC 的资助可以认为是一个非常好的投资。然而，相比 1989 年和 1995 年，ESTEC 在荷兰创造的价值略有下降，这主要是由于 ESA 预算停滞及通货膨胀和经济增长造成的。

E.8 STFC 对“达斯伯里同步辐射光源”社会和经济影响（1981~2008 年）的评估（2010）

E.8.1 引言

该研究由 STFC 实施，旨在探讨达斯伯里同步辐射光源的社会和经济影响。

研究报告可从 STFC 的网站上下载[①]。

E.8.2 方法论

这项研究尽可能采用特定的经济影响模型对 SRS 的影响进行偏定性的全面研究。这是世界上第一个完整探讨大型研究基础设施在其整个生命周期中产生社会和经济影响的研究。该研究强调了 SRS 在区域、国家和国际层面上产生影响的多种方式。

对于经济影响的概念，本研究采用了绿皮书[②]中的定义，并在 DIUS（现在为商业创新与技能部）于 2007 年开发了经济影响框架。除了文献综述（包括研究理事会的经济影响基线报告）及对各利益相关方，包括 SRS 用户的访谈外，该研究还使用经济乘数计算了 SRS 对所在地经济的影响（包括间接影响和引致影响）。

E.8.3 评估问题的范围界定

1.研究问题的范围界定

首先，该研究旨在阐明 SRS 在其整个生命周期及关闭后继续产生的巨大经济影响。该研究并不尝试记录 SRS 大量的科学或技术输出。而是对日常生活已经产生影响的研究，例如，医疗保健研究或环境研究已经日渐凸显。

其次，该研究还强调了数据采集时面临的问题，这些数据对于反映在 STFC 的项目和计划支持的大型研究基础设施对未来经济的影响至关重要。

2.实证研究的范围界定

这项研究试图覆盖 SRS 的几乎整个生命阶段（1981~2008 年）。该设施 1977

① http://www.stfc.ac.uk/resources/pdf/srsimpact.pdf。

② HM Treasury's “The Green book: Appraisal and Evaluation in Central Government” (2003)。

年开始建设，2008 年关闭。

E.8.4 数据采集方法

该研究从本质上讲既是定性的，又是定量的，涵盖了对 SRS 生命周期中关键利益相关者的访谈。其中包括工业合作伙伴、SRS 用户及 SRS 的工作人员。大部分研究是通过资料调研的方式完成的，并对用户进行了问卷调查。

资料调研重点关注了经济影响的基线，并分为以下四个主题，详细阐明了其经济影响。

（1）产生知识和技能——无论是隐性知识还是显性知识；

（2）提高英国企业的竞争力——通过改进产品和工艺，提高英国公司的商业竞争力，为英国企业创造机会，吸引和保留对英投资及商业化；

（3）对国际合作伙伴产生影响——为欧盟及国际上其他国家在学术界和工业界的科技发展做出贡献；

（4）社会福利——通过研究项目为健康、环境、文化、社会和国家安全等做出贡献。

E.8.5 数据来源

数据来源包括 SRS 年度报告、研究 SRS 的出版物、SRS 用户及其他经济影响的研究数据。

由于该研究涵盖时间段较长，因而在一些书面记录信息上不可避免地存在一些空白。例如，建造 SRS 的建筑公司的详细信息不存在。因为建设时间发生在 20 世纪 70 年代，当时并没有意识到这些数据的重要性，并且台式计算机也还没有出现。

E.8.6 分析方法

对 SRS 影响的研究以定性分析为主，但其经济影响被尽可能地考虑了进去。在金融经济数据尚不可用的情况下，该研究采用定性的案例研究来阐明这些影响。这意味着，不可能把 SRS 的总体经济影响反映在一张图形上，但是，评估人员对一些财务影响已经进行了建模分析。所有的财务数据都被重新整理以通过今天的成本反映这些财务影响。

对于经济影响的概念，该研究采用了绿皮书[①]中的定义，并通过 DIUS 的支持下于 2007 年开发了经济影响框架。研究理事会在此框架内阐明了各方面的影

① HM Treasury's "The Green book: Appraisal and Evaluation in Central Government" (2003)。

响，见附图 7。

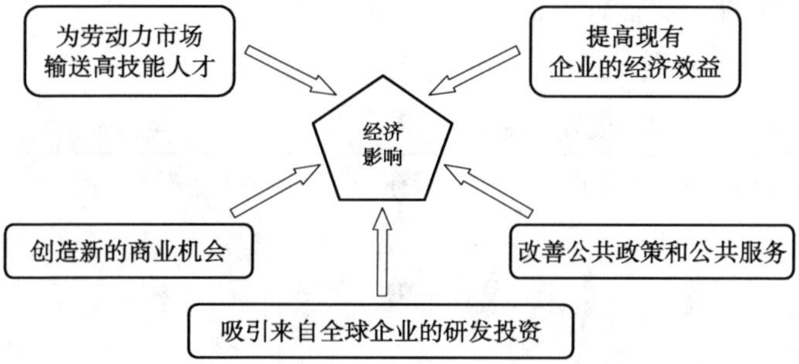

附图 7　DIUS 经济影响框架提出的五大经济影响领域（2007 年 5 月）

资料来源：New Light on Science，STFC，2010

该研究通过采用经济乘数对所在地的经济影响（包括间接影响和引致影响）进行计算，这一乘数因英国工业部门和区域的不同而不同，见附表 8。该方法经常被类似的研究用以评估研究基础设施的经济影响①②。

附表 8　间接经济乘数

来源	行业	II 型乘数（产出）	II 型就业乘数（产出）
英国合作伙伴关系（2006）	英国高等教育机构	2.52	1.99
国家统计办公室（2001）	研究与发展	1.44	1.23
牛津经济研究院（2006）	中介机构	1.6	—
伯明翰大学（2007）	伯明翰大学	1.4	1.7
SQW 咨询公司（2009）	西北地区高教育机构	1.5	1.5

资料来源：New Light on Science，STFC，2010

例如，牛津经济研究院用于计算中介部门对经济影响的间接经济乘数是 1.6。“这意味着，中介机构每百万英镑的产出，都会在其英国的供应链中间接产生 60 万英镑的产出。”在英国，经济乘数一般都是基于或直接从 ONS2001 年编制的“英国 IO 表”中获得。这一 IO 框架将 GVA、工业投入和产出、产品供应和需求整合起来，并包含了英国各经济部门的用途和资源。

① http://www.berkeley.edu/econimpact/2005-2006-econimpact-report.pdf。

② “The economic impact of UK higher education institutions”, Universities UK, (2006), www.universitiesuk. ac.uk/Publications/Documents/economicimpact3.pdf。

评估小组使用由 ONS 办公室给出的研发乘数，因此区域发展署并没有为处于英格兰西北部的研究基础设施提供具体的乘数。

E.8.7 优势和不足

该研究展示了 SRS 在其生命周期中产生的深刻影响。然而，该研究也意识到了事后经济影响评估的局限性，尤其是涉及可用数据的注意事项方面。

评估人员表示，研究中采用的方法永远无法捕捉到 SRS 的全部经济影响，报告中的内容由于数据方面的局限性低估了 SRS 的影响。

E.8.8 结果

SRS 所产生的经济影响是巨大的，这一影响跨越了所有的经济领域——知识和技能的产生，提高英国企业的竞争力，对国际合作伙伴和社会福利的影响。因此，科学的影响表现为多种形式①。

（1）以出版物形式呈现的大量显性知识和许多蛋白质晶体结构的解决方案。

（2）SRS 的跨学科性与合作性促进了大量科技的新发展。

（3）尖端技术的发展需求促进了 SRS 前沿科学的发展，并且技术本身在其他大型研究基础设施和工业中的应用已经产生了深远的经济影响。

（4）SRS 中新科学技术的发展产生了重大影响；SRS 上的 PX 项目是第三代光源发展的主要驱动力，并直接导致了私营部门在 DLS 上的投资，其中威康信托基金会约投入 5000 万英镑作为种子资金。

（5）SRS 对社会及对我们日常生活的影响非常巨大——药物研制、疾病预防、癌症诊断乃至辅助考古与海洋动物着色等研究，这些已经或将会对我们的生活产生影响。此外，SRS 还影响到了其他机构，如 NHS（英国国家医疗服务系统）。以 FMDV 为例，如果利用 SRS 将使其研发成本节约 1%，那么将为英国节约 8000 余万英镑的支出。

（6）很显然，SRS 的研究直接使工业及所在地的商业发展受益，如磁性记录介质，药物设计和催化剂研发。对 SRS 的研究也已使正在与疟疾斗争和寻找清洁饮用水的发展中国家受益。然而，评估其中一些开创性研究活动的价值是非常困难的。即使只研究能够进行数字分析的例子，最后得到的研究结果也将达数亿英镑。值得一提的是，上面给出的例子只是有关 SRS 研究的极小部分。

---

① 报告的附录包括了在 2007/08 年大型研究基础设施产生影响的各个领域的案例，包括商业影响案例。

拥有巨大商业潜力的制药和生物科技公司最重要的认识是理解了生物体在分子水平发生的众多过程。由于能够利用在世界各地建造的同步加速器设施，已经大大加快了结构生物学的发展。

1.为劳动力市场输送高技能人才

SRS 在其整个生命周期中培养了大量高技能工程师、技术人员和仪器开发人员，并在 1998~1999 年度使雇员人数剧增到 325 人。SRS 研究需要大量的设计、运行和支持技术，其在一系列技术中均需要世界一流的专业知识。这使得 SRS 的工作人员能够将其专业技能和知识转移到产业界、大学和其他研究机构。SRS 的 100 余名工作人员转移到了学术界、产业界及世界各地的其他同步加速器实验室中，输出了他们在 SRS 中学到的知识和技能。SRS 也培养了其在科学界和工业界用户的技能；来自 25 个国家的超过 11 000 名个人用户使用过 SRS。此外，它还在许多学生的研究中发挥了重要作用，有 4000 多名学生将使用 SRS 视为他们完成学位研究的一部分，2000 名博士后研究人员在研究中使用 SRS。在大型研究基础设施，例如，在 SRS 中受过训练的技能熟练的毕业生和研究人员被转移到产业界或其他公共部门中，从而对这些部门产生了重要影响。

2.对所在地的直接影响

SRS 的终极影响是直接的、短期的和有形的，发生在研究基础设施所在的英格兰西北部——刺激了当地的经济发展。通过 1975~2008 年度研究基础设施的建设和运营，并创造了大量就业，使得西北部的经济活动日趋活跃。这些活动产生了 6 亿英镑的直接经济影响，其中大部分都发生在 SRS 的所在地。由于乘数效应，预计 SRS 的初始投资对西北部产生了近 10 亿英镑的经济影响。

SRS 也是其所在地及英国商品及服务的购买者。在其整个生命周期中，SRS 同 300 多个当地企业有过商业往来。对供应商产品或服务的采购对其供应链产生了深远的连锁反应，对就业、消费和税收也产生了间接影响。

3.未来影响

SRS 推动了几项对未来产生长期影响的研究活动——塑造了科学和创新的未来。为了利用专业知识、科学设施、围绕 SRS 创建的产业链和达斯伯里实验室产生的集群影响，英国成立了达斯伯里科学与创新园。除了已有的科学设施，达斯伯里科学与创新园还建立了一个世界级的加速器科学中心——Cockcroft 研究所，在不久的将来，创新园还将进一步受益于其他两个计算科学和探测器系统研究中心。此外，拥有深厚商业背景的 100 家高科技企业现在都位于达斯伯里创新园区，包括生物医药、能源、环保、高级工程和仪器仪表等行业的企业。在 2008~2009 年度，创新园区的公司取得了 1490 万英镑的销售额，平均增长 67%。近一半的企业都频繁使用了达斯伯里实验室提供的设施、服务和专业知识。这些入驻企业创造了 97 个新的就业岗位，因为它们在园区内与许多公司开展业务，招聘了更多员工，并希望扩大其在园区中的业务规模。

4.学术影响

在 SRS 的整个生命周期中，几乎与每个国家都积极地合作进行科学研究。利用 SRS 制造的强光束，研究人员发现了各种不同材料的原子和分子结构。SRS 支持了生物、化学、材料科学和物理学领域的前沿科学研究，开辟了医药、地球科学（包括地质和环境研究）和考古学等学科中诸多新的研究领域。基于 SRS 已发表了 5000 余篇论文，破解了在世界蛋白质数据银行的数据中的 1200 多个蛋白质结构。对全球科学知识的贡献是 SRS 另一个重大但无法量化的影响。

每年约有 1500 位科学家利用 SRS 研究物质的基本结构。突出反映 SRS 创造出重大科学产出的一个例证就是，1997 年和 2009 年的诺贝尔化学奖得主便是 SRS 的两个用户。

E.9 Technopolis 集团对 UDBN 的案例研究（2010）

E.9.1 引言

对 UDBN 的案例研究被写进了 BBMRI 社会经济影响评估的评估战略中。该研究是由外部评估机构 Technopolis 接受 BBMRI 的委托进行的。

评估报告可在 Technopolis 集团的网站上获取[①]。

E.9.2 方法论

这项研究是 BBMRI 在进行社会经济影响事前评估时构建的 10 个案例研究之一。UDBN 被选为 BBMRI 未来可能的合作伙伴之一。该案例研究提供了有关生物数据库如何演变及如何构建其协作策略方面的信息。

这一案例研究是在对生物数据库负责人、协调员和用户机构进行结构式访

① http://www.technopolis-group.com/resources/downloads/life_sciences/1093_BBMRIfinalreport_100921.pdf。

谈的基础上进行的。基础研究数据辅以文献综述和最终的案例研究，提供了对不同生物数据库发展方式的详细分析，并构建了它们的协作策略。

E.9.3 评估问题的范围界定

1.研究问题的范围界定

该案例研究结合其他 9 个案例，尝试解决的主要问题是理解生物银行计划的多样性及它们受特定情境条件影响的演化方式。了解生物银行运行的各种条件，对于定义指标，以及理解已提出指标针对不同类型生物银行和情境条件的相关性和适用性是非常重要的。

2.实证研究的范围界定

实证研究包括一系列对生物数据库负责人、协调员和用户机构的访谈。

E.9.4 数据采集方法

研究小组采用结构式访谈来采集必要信息。

E.9.5 数据来源

文献研究对访谈进行了补充。这些文献资料是从英国 DNA 生物银行网站及网络期刊中搜集而来。例如，找到了名为《UDBN：一个“公平准入”的生物银行》（2009）（细胞组织库）的文章。

E.9.6 分析方法

该研究所采用的分析方法主要是对访谈记录和二手资料进行研究。数据采集和分析方法受案例研究的限制，分为五个部分背景、组织结构、资助、服务拓展和未来。

E.9.7 优势和不足

研究规模是该研究的主要短板。作为 10 个案例研究之一，其研究深度受到很大影响，如果评估仅仅聚焦这一特定的基础设施，那么其研究结果可能会更广泛、更翔实。

然而，本研究的主要目的是找到不同生物银行在特定条件下如何发展演变的例子，通过案例研究能够实现，并能就 UDBN 如何有效实现其学术和社会影响提出了一些建议。

E.9.8 结果

1.学术影响

UDBN 将 6 万 DNA 均分给了 34 个同行评议的研究中，16 个是全基因组关联（GWA）研究。任何具有真实意愿的数据采集者在任何地方签订材料转让协议之后都可以将其信息存储并整合到英国生物银行中。同样，任何地方的真实研究人员在签署材料转让协议后将可能从 UDBN 收到经过同行评议的不违反伦理的用于研究的生物信息数据。

威康信托基金会病例控制协会（WTCCC）开发并保存了一些疾病数据。WTCCC 现在非常成功：它们发表在《自然》上的第一篇论文在短短两年内已经被引用了 1200 余次。2007 年，该协会被《科学》期刊授予了研究先锋奖。随后，WTCCC 又发表了多篇论文。如果没有 UDBN 生物银行网络计划，这些研究成果将不会轻易产生，同时也说明了这一网络的巨大科学影响和附加价值。每一个数据采集者都因其数据集而拥有一批高影响力的出版物。

2.社会或经济影响

目前为止，通过延伸到 WTCCC 的 UDBN 数据集已经确定了一些同环境有关的遗传因素。研究人员已经表征出高血压的 8 个基因特征，Ⅰ型糖尿病的 13 个基因和冠心病的 14 个基因。同时也表明了生物银行中信息的强大作用。通过鉴定出的Ⅰ型糖尿病基因研究人员预测了哪些药物是最有效的。然而，生物银行的主要影响还是其科学影响。

3.对私营机构的益处

（1）UDBN 的少数用户是中小企业，它们在得到特殊疾病委员会的批准后通过数据库商使用了 DNA 样本。

（2）已经设计出一个生物银行的培训课程，并提供给了阿斯利康公司总部的 50 名学生。阿斯利康已在其曼彻斯特的公司就与组织库相关的议题进行了介绍和讨论。

4.对社会的益处

（1）UDBN 的经验已经使其成为实用生物银行强化课程的重要组成部分，该课程由基因组医学综合研究中心（CIGMR）与西北基因知识园（NowGen）和阿斯利康公司联合筹划设计。迄今为止，已举办了四次课程培训，吸引了来自欧盟各地及北美洲和中美洲的人员。已经有 60 人完成课程的培训。由于 NowGen 的主旨是推动对后基因组学的理解，因此实用生物银行的培训课程已经基本交给了该组织。

（2）UDBN 的首席研究员们对生物银行课程进行了设计，并向英国（威康信托基金会/ P3G 暑期学校；肿瘤生物银行会议英国联合会）、欧盟（英国大使馆/波兰研究部研讨会）及其他地区（沙特阿拉伯、日本）进行了授课和推广。

（3）媒体常常说服那些可能患有某种疾病的人主动给出他们的病历资料。使用媒体进行宣传的原因在于，英国数据保护法案禁止直接获取疾病患者的数据资料。一个成功的案例是，一个数据收集者通过组织巡游各地的巴士之旅，以积极主动的方式来采集样品数据，在 6 个月内获得了 35 000 份应用数据。项目结束后，研究结果通常会反馈给病人。

E.10　MMK 咨询公司对“TRIUMF 经济与社会影响”的评估（2009）

E.10.1　引言

报告介绍了 MMK 咨询公司对加拿大粒子和核物理国家实验室 TRIUMF 的经济和社会影响进行评估的过程和结果。该报告可在 TRIUMF 的网站上获取①。

该研究于 2009 年完成，其将科学设施的社会经济影响作为判断是否扩建科学设施的参考因素。除了报告中评估人员指出其评估时间较短外，报告没有提及这一研究的规模。

E.10.2　方法论

该研究旨在评估 TRIUMF 对不列颠哥伦比亚省产生的直接、间接及引致的经济影响。这并不是 TRIUMF 的运营所产生的全部经济影响，因为 TRIUMF 约 20%的购买来自不列颠哥伦比亚省以外的供应商，因此这部分支出并没有对该省产生经济影响。

此外，该研究分别估计了 TRIUMF 扩建与否所产生的影响。该报告将扩建与不扩建这两个方案进行对比，以评估 TRIUMF 是否会对不列颠哥伦比亚省产生强大的纯正面的经济影响，即促进当地经济的发展。为了评估这一影响，评估人员首先进行了初步评估，并使用了不列颠哥伦比亚省统计局公布的 BCIOM 的经济乘数。不列颠哥伦比亚省的经济乘数将不同行业与经济活动的不同经济影响区分开来。鉴于 TRIUMF 的活动具有不同性质，该研究在 TRIUMF 实际活动的基础上为其构建了加权平均乘数。

总之，该研究在分析时采用了经济影响方法。

---

① http://www.triumf.ca/。

（1）不包括不列颠哥伦比亚省为 TRIUMF 建设新设施花费的 6070 万美元（约合 4000 万英镑）产生的经济影响；

（2）由于工人主要来自外省，因此可以假设不承担任何社会保障责任；

（3）考虑直接的、间接的和引致的经济影响。

E.10.3 评估范围的界定

1.研究问题的范围界定

TRIUMF 正向省政府寻求 6070 万美元（约合 4000 万英镑）的资金用于支持三个科学设施的扩建。

（1）为了继续和推进 TRIUMF 在这三个领域的研究，TRIUMF 提出了未来三到五年内的三个投资方案。

（2）核医学中心能够提供专用的实验空间和屏蔽的回旋加速器设施，从而能够为快速发展的核医学领域进一步开发新的潜在机会。这个 8100 平方英尺的科学设施的成本估计为 1750 万加元（约合 1160 万英镑）。

（3）一级数据中心可容纳 800 万 GB 的数据存储量。这个 1.8 万平方英尺的科学设施的成本估计为 1250 万美元（约合 830 万英镑）。

（4）先进稀有同位素实验室（ARIEL）开始着手新的地下隧道和线性加速器（受联邦资助）的建设，这将使 TRIUMF 能够更好地利用现有投资，提高其在材料科学和粒子物理学领域的研究能力。这个 24 450 平方英尺的科学设施（包括相关的地下隧道设施）的预估成本为 3070 万美元（约 2000 万英镑）。

这份报告分别评估了 TRIUMF 在扩建或不扩建的情境下运营所产生的预期经济影响；确定了拟扩建设施产生的经济影响的净增量。该报告还评估了 TRIUMF 对不列颠哥伦比亚省产生的更广泛的社会经济影响。

2.实证研究的范围界定

实证研究的范围仅限于采访 TRIUMF 的管理人员。

E.10.4 数据采集方法

这项研究所使用的数据采集方法包括对 TRIUMF 管理人员进行访谈，通过与不列颠哥伦比亚省统计部门的联系获取 TRIUMF 在当时运营中直接产出、工资、员工和税收等方面的实际数据。

E.10.5 数据来源

该研究基于以下信息来源评估 TRIUMF 所产生的经济影响。

（1）TRIUMF 设施本身的实际运营；

（2）MDS Nordion 设施的相关运营；

（3）TRIUMF 主办的会议及其访问学者。

E.10.6　分析方法

在直接经济影响、间接经济影响和引致经济影响这个框架内，该研究采用一些统计指标来分析经济影响。

机会成本分析：该分析假定如果某些支出没有被用于投资一个特定的项目，那么这些用于其他目的的投资项目也将产生经济影响。

社会安全保障：其对可计算的经济影响程度进行假设，尤其是对政府税收收入的影响。由于在 TRIUMF 中进行的都是高度专业化的工作，因此约 40%的 TRIUMF 科研人员都来自加拿大以外的国家（其中有更多人来自加拿大的其他省份），因此 MKK 咨询公司采用了一个不考虑社会保障的分析模型。

封闭模型：该模型用来分析员工消费所产生的引致经济影响，以及该省在创造新就业机会，吸引新员工时对经济的影响。

E.10.7　优势和不足

本研究的一个优势在于，不列颠哥伦比亚省的经济乘数和 BCIOM 能够将不同行业与经济活动的不同经济影响区分开来。这使得该研究能够在 TRIUMF 实际活动的基础上构建 TRIUMF 的加权平均乘数。

除了采用了一些合理假设外，例如，由于 TRIUMF 的工作人员主要来自省外，因而假设他们没有社会保障支出，该研究还考虑了 TRIUMF 的直接、间接和引致经济影响。研究结果也是在这些重要约束条件的基础上得出的。

（1）TRIUMF 的管理人员基于与国家研究理事会以往的合作经验和专业知识对 TRIUMF 经费和活动的未来水平进行了估计。因此，MMK 咨询公司无法验证这些估计的准确性。

（2）由于 TRIUMF 要求在短期内完成初步评估，因此由不列颠哥伦比亚省统计部门公布的 BCIOM 中的经济乘数替代了 TRIUMF 在 BCIOM 中的实际运营数据。后一种方法能够对报告中提出的评估进行一些细化，但并不会产生明显不同的评估结果。

E.10.8　结果

该研究报告得出的结论如下。

1.经济影响

假设拟扩建的科学设施产生的收益（从省政府获得 6070 万美元的资助，约合 4010 万英镑）包括直接影响、间接影响和引致影响，据估计，TRIUMF 将在不列颠哥伦比亚省产生 9.12 亿美元（约合 6.03 亿英镑）的产出，5.11 亿美元（约合 3.38 亿英镑）的 GDP，和 5000 万美元（约合 3300 万英镑）的税收收入，以及 1284 个全职工作岗位。这些工作岗位还不包括由于设施扩建理论上能够产生的建设工作岗位。据估计，除 2010 年产生了 71 个全职工作岗位外，2009~2012 年每年将产生 179 人的建设职位。该研究估计，一次性投入的 6070 万美元将产生以下影响。

（1）2010~2014 年，联邦/ NRC 对 TRIUMF 资助的净增长为 1.25 亿美元（约合 0.826 亿英镑），从 2010 年的 2.03 亿美元（约合 1.34 亿英镑）增加到了 2014 年的 3.28 亿美元（约合 0.401 亿英镑）；

（2）五年内全省 GDP 的净增长为 1.56 亿美元（约合 1.03 亿英镑）；

（3）全省就业总人数净增长 373 人；

（4）从 2009 年到 2014 年，全省税收收入净增长 1550 万美元（约合 1030 万英镑）。

然而，从长期来看，报告得出的结论是，如果不能对 TRIUMF 的科学设施和基础设施进行再投资，那么该设施可能会由于落后世界前沿研究水平而关闭。这一关闭可能会使不列颠哥伦比亚省失去 1000 多个现有就业岗位及超过 7800 万美元（约合 5150 万英镑）的现有 GDP 收入。

2.社会经济影响

除了经济影响，TRIUMF 也产生了一系列更广泛且不太容易被量化的社会经济影响，特别是以下影响。

（1）TRIUMF 是不列颠哥伦比亚省在核医学和粒子加速器技术领域越来越多先进技术集群的核心。TRIUMF 直接支持了不列颠哥伦比亚省私营企业（如 MDS Nordion 公司、Advanced Cyclotron Systems 公司、PAVAC Industries 公司和 D-PACE 公司），以及非营利机构和组织（如不列颠哥伦比亚省癌症研究所和高等应用物理解决方案公司等）的发展。

（2）TRIUMF 是加拿大在全球大科学合作（如 CERN 的 LHC、T2K、CSUNS 等）中的领导者，这些合作旨在寻求对基本物理问题的解答，如大爆炸原因，宇宙中物质和反物质的存在及并行时空维度的存在问题等。TRIUMF 在这些合作中的领导作用使不列颠哥伦比亚省的科学家始终处在世界科学的前沿，吸引了高素质人才到不列颠哥伦比亚省生活和工作，并为国内企业参与这些全球项目的设备和仪器供应提供机会。

（3）TRIUMF 的研究项目包括将研究应用到技术中，这些项目对不列颠哥伦比亚省、加拿大和加拿大工业可能产生潜在的实际利益。这些项目包括在医疗保健（如对帕金森症、糖尿病、阿尔茨海默病和各种癌症等疾病的治疗）、环境（如减少二氧化碳和其他污染物）、自然资源（如提高造纸效率，改善对地质数据的解释）和工业（如航空航天系统和电子设计）中的应用。

这些优势突出反映了 TRIUMF 在这个技术驱动型的时代，对保持和提高不列颠哥伦比亚省经济竞争力的重要性。从报告的研究结果来看，基于 TRIUMF 产生的效益，为保持其在全球粒子和核物理研究中的领导地位而进行的投资则相对较少。

E.11　Olof Hallonsten 等对“大型研究基础设施的影响”进行的社会经济分析（2004）

E.11.1　引言

本研究尝试评估、参照其他现有大型研究基础设施的经验在瑞典南部建造的新 ESS 对未来可能产生的社会经济影响。研究人员在隆德大学的政策研究进行了事前影响评估，评估结果于 2004 年发布。最终的研究报告可在 RIFI 项目的网站上获取[①]。

E.11.2　方法论

该报告主要通过汇总访谈的资料，以及大型研究基础设施在所在地、区域、国家和国际层面下运行情况的书面资料。

评估者采用独特的研究方法，他们从不同视角分析他们的发现并通过关系查询的方式来展示这些发现。他们所说的关系是指研究基础设施在不同的区域范围（所在地、区域或国家），与其所在机构、管理和研究组、社会中不同利益集团之间的关系。

① http://www.rifi-project.eu/wp-content/uploads/public_doc_REPORT_impact_of_large_scale_RI.pdf。

E.11.3 评估问题的范围界定

1.研究问题的范围界定

这项研究旨在分析新的大型研究基础设施对所在国产生影响的前提条件，即 ESS 对瑞典与丹麦厄勒海峡地区的影响。

当谈到承接国际性大型研究基础设施对城市、区域或国家的影响时，该报告强调，所有可能产生的影响之间都存在关联，并提供了他们获得的彼此相关的研究成果。本研究尝试将研究的问题引向承接大型研究基础设施对社会经济产生的广泛影响，包括将与经济、创新和集聚效应有关的注意事项考虑进去。

2.实证研究的范围界定

实证研究侧重于分析在运行的研究设施与组织、管理和研究团体及社会中不同利益集团在不同区域范围（所在地、区域和国家）层面的互动关系。其在研究中着眼于围绕研究基础设施所产生的各种关系，同时将不同类型的影响考虑进去，包括正面影响与负面影响。实证研究包括对科学设施与产业、区域（涉及就业和其他商业活动）、环境、公众、当地政府、通信基础设施和学术界（大学和其他研究机构）的关系进行分析。

E.11.4 数据采集方法

（1）访问五个研究基础设施——FRM II、ESRF、CERN、ILL 和 EMBL，对其工作人员进行访谈，获取报告的背景信息；

（2）对瑞典战略规划相关部门进行访谈——获取 ESS 的相关数据和资料；

（3）资料调研——通过文献综述及现有报告获取研究的二手数据。

E.11.5 数据来源

（1）五个研究设施——FRM II、ESRF、CERN、ILL 和 EMBL；

（2）瑞典战略规划部门；

（3）现有报道和文献。

E.11.6 分析方法

该研究对关系的分析主要还是描述性的，并且依赖于特定访谈的观察结果和陈述的有效性，研究采用的定性信息则是来自这些访谈。由于本研究直接使用受访者对具体关系的描述，因此主要是以定性分析为主。

E.11.7 优势和不足

在研究中，实地考察和深入访谈提供了宝贵的定性数据，这些数据能够识别大型研究基础设施影响的关键领域。该研究也没有将经济影响从其他社会经济影响中剥离出来，这些社会经济影响使我们能够更加全面地看待研究基础设施可能产生的潜在影响。此外，该研究考虑到了大型研究基础设施的负面影响（比如对环境），而这超出了其他评估的范围。最后，该研究对研究基础设施对所在地经济（包括集群）的影响进行了有价值的思考。

该研究的不足在于，没有提供可与其他研究进行对比的结果，并且没有尝试以更精确的方式量化或测度识别出的关系。

E.11.8　结果

该研究的结论是，研究基础设施应被放置在已经拥有技术氛围的地方，因为评估人员发现与高校、行业参与者的合作，以及科学设施与其所在地的健康互动关系是科学设施能够产生积极影响的三个主要的必要条件。

从 ESS 位于隆德和厄勒海峡来看，该研究预测，一个即将繁荣和具有竞争力的知识集群正在发展起来。然而，评估人员发现，从长远的角度来看，由于对 ESS 的发展缺乏强力保障和支持的承诺，将可能使这个具有竞争实力的知识集群，失去发展成为 ESS 相关的创新和科学领域最领先的区域的机会。因此，他们得出结论，对该区域的投资，将 ESS 视为现有集群中的一个新节点，一个具有竞争力、知识和创新能力的自然中心，这三者将使厄勒海峡及整个斯堪的纳维亚半岛地区成为许多知识、科学和技术领域都具有竞争实力的区域。

E.12　Ecorys 对“荷兰新建超节点”经济影响的评估（2009）

E.12.1　引言

这份报告是对荷兰新建超级节点的事前影响进行评估的报告。该研究由欧洲专门从事经济学研究和咨询的 Ecorys 公司进行。Ecorys 公司受科学、教育、文化部（OCW）和经济事务部的委托，对拟在荷兰建立的一个新超级节点所产生的经济影响进行研究。

OCW 部主要负责科技政策的协调，而经济事务部则负责信息和通信技术基础设施方面的事务。这两个部门对有关新型超级计算机的投资有决策权。Ecorys 进行的这项研究是其决策过程之一。

荷兰努力希望成为欧洲高级计算伙伴关系（PRACE）的主要合作伙伴，因此进行了此项研究。如果荷兰成为 PRACE 主要的合作伙伴，那么欧洲的五个超级节点中将有一个设在荷兰。

最终报告（荷兰语）可从包含荷兰中央政府机构信息访问通道获取①。

E.12.2 方法论

评估小组采用将描述性的案例研究与经济影响分析相结合的方法。

该研究的第一阶段是对所有相关文件，如政策文件，荷兰高性能计算的相关研究资料，国际影响研究等与荷兰建立超级节点有关的资料进行研究。第二阶段是对 ICTRegie（ICT 研究与创新的协调机构）、SARA（荷兰超级计算机中心）和 OCW 部与经济事务部代表的访谈资料进行分析。

根据这些初步的资料调研和访谈选择了三个案例研究。

（1）位于西班牙巴塞罗那的超级计算机中心；

（2）位于瑞士卢加诺的科学计算中心；

（3）位于德国于利希的于利希研究中心。

在研究资料中，这些中心被视为能够产生积极经济影响的典型案例，对它们的分析主要围绕以下四个方面展开。

（1）项目的历史；

（2）科学对创新的作用和影响；

（3）超级节点的经济影响；

（4）公共和私人投资的金额。

在专家小组会议中讨论了案例研究的结果。会议的中心议题是在荷兰建立一个新超级节点将如何影响荷兰经济。从案例研究中得出的部分观点将被用于分析这一潜在影响。

该研究尝试尽可能地量化新超级节点的经济影响。

E.12.3 评估的范围界定

这项研究侧重分析在荷兰建立新超级节点所产生的经济影响。在研究中，其只关注经济影响，即忽略其他社会方面的影响。该研究通过一个单一指标来衡量经济影响——全时工作岗位或劳动年，并没有考虑如营业额或专利等常见指标。

① https://zoek.officielebekendmakingen.nl/blg-48238.pdf。

为了进行更具意义的分析，Ecorys 以三个类似的研究基础设施为参考基准进行对比分析：一个在西班牙、一个在瑞士、一个在德国。这项定标比超研究有助于对发生在荷兰的预期影响进行分析。

E.12.4 数据采集方法

该研究主要通过资料调研及对 ICTRegie（ICT 研究与创新的协调机构）、SARA、OCW 部与经济事务部代表的访谈获取相关数据。

评估人员在进行研究时主要侧重对定性指标（资料调研、访谈及专家会议）的采集。定量分析仅限于对 4500 万欧元的投资影响进行估算，以及基于三个案例研究的乘数效应的估计（研发的间接就业乘数为 1.19）。

E.12.5 数据来源

在研究中，Ecorys 使用了以下数据源。

（1）有关荷兰超级节点的相关文件；

（2）案例研究：文件和访谈；

（3）访谈；

（4）专家会议。

E.12.6 分析方法

为进行经济影响分析，Ecorys 定义了以下几类影响：临时影响与结构影响、直接影响与间接影响、总影响与净影响。各类影响的定义如下。

1.临时影响和结构影响

临时影响发生在大科学设施，如超级节点的准备和开发（建设）阶段。更长期的结构化影响发生在超级计算机试运行后，预计其对荷兰经济的影响最大。

2.直接影响和间接影响

直接影响包括与项目有直接联系的所有活动。间接影响则是衍生出来的影响：这些影响与超级节点无直接联系，例如，经济影响发生在受益于超级节点的新业务和新活动中。

3.总影响和净影响

总影响不考虑情境因素。在此情境下，它们排除了相互竞争公司的可能替代影响，将其所有活动视为在荷兰境内，不考虑替代效应（调整之后的负影响）的程度。净影响将这些因素考虑在内，并包含了对荷兰经济的真实影响。

E.12.7 优势和不足

这项研究的优势在于，其为经济影响评估提供了一个相当简单的概念模型。它更注重对就业影响的分析，并使用了一个六维分析框架。在进行影响分析时，该研究还将情境因素（这是总影响与净影响之间的区别）考虑了进去。

该研究的缺点在于，Ecorys 无法对大部分影响进行量化。此外，对较多间接影响的描述相当笼统，且没有进行任何定量分析。在报告中，Ecorys 承认他们没有采用一种可靠的方法来量化这些影响。该研究还提出了一个 R&D 乘数，但并没有清楚说明此乘数的计算过程（即报告没有解释这一乘数是如何建立起来的）。

总体而言，报告基于创造的就业机会对经济的影响进行了良好评估，但其并没有包含一个更深入的分析机制，该报告还认为如果新超级节点被建立起来的话，那么这些影响将有可能发生。

E.12.8 结果

本部分简要介绍了本研究的结果。进一步的详细说明将在附表 9 中提供。

附表 9 新超级节点对荷兰的总体影响

影响	直接就业		间接就业	
	总影响	净影响	总影响	净影响
短期影响 ——超级节点建设	120~300 人年	120~300 人年	110~180 人年	110~180 人年
——超级节点开发	影响大大超出了荷兰	影响大大超出了荷兰	影响超出了荷兰	影响超出了荷兰
结构影响 ——工作人员	100~150 全时岗位	40~90 全时岗位	20~35 全时岗位	10~25 全时岗位
——直接/间接用户	2000~4000 全时岗位	0~1000 全时岗位	40~160 全时岗位	0~40 全时岗位
——超级计算机作为商业位置的影响因素	++	+	++	+
其他影响 ——衍生公司	+	+	+	+
——市场应用	++	++	++	++
——教育水平	++	++	++	++
——区域影响	+	+	+	+

资料来源：Ecorys

1 .临时影响

同创造就业机会有关的临时影响是超级节点本身发展和建设的结果。这些影响的大小在很大程度上取决于超级节点的位置。当一个全新的建筑被开发时，便会为建筑业创造临时的就业机会。根据这一建筑的规模，预计将需要120~300 人年的工作量。所需投资估计为 4500 万欧元（约合 3900 万英镑）。这一投资将直接产生 270 人年的工作量。此外，它还会对建筑企业的供应商产生级联效应。这将产生 110~180 人年的工作量。因此，4500 万欧元的投资预计将产生约 250 人年的工作量。

超级节点自身（硬件）的发展对就业产生的影响可能不会发生在荷兰。其原因是，在高性能计算领域，只有少数公司能够胜任这份工作，而这其中没有一家是荷兰公司：IBM、Cray、Hewlitt-Packard 和 SGI Bull。建设超级节点的任务将被分配给这些（外国）公司。因此超级计算机的组装对荷兰就业的临时影响是非常有限的。

2 .结构影响

结构影响主要是有关计算机中心工作人员的就业问题。基于对三个案例的研究，在荷兰新建超级节点预计将产生 100~150 个全时岗位。数据中心当前的约 60 名全时职工便与超级计算机有直接关系。因此，新建超级节点对就业的净影响预计在 40~90 个全时岗位之间。能源、水等的维持与供应，需要 20~35 名全职员工。新建超级节点对这一就业的净影响将在 10~25 个全时岗位。超级计算机的使用也将创造就业机会。

400~800 名科学家（计算机中心的科学家除外）将在其研究中使用超级节点。由于这些科学家通常在一个平均 5 人的团队中工作，因此将有 2000~4000 名科学家的工作（直接）依赖于超级节点。目前，大约有 600 名科学家正在使用超级计算机。因此，新建超级节点的净影响约为 200 名科学家。间接使用所产生的净影响总计为 800 名全时员工。科学家们将使用专门的软件来分析来自超级节点的结果。无论是通过超级节点的员工还是（外部）公司，必须开发这样的软件来使用超级节点。软件开发将创造 40~160 个全职岗位。净影响的最大值为 40 个全职岗位。

结构影响也发生在位于超级节点附近的公司和机构中。靠近超级节点是某些公司在进行位置选择时的一个决定性因素。因此，将可能产生集聚效应。一般情况下，欧洲在超级计算机和 ICT 公司方面的投资集中在那些拥有最快超级计算机和最好信息和通信技术基础设施的国家。这些集聚效应所产生的就业影响难以量化。

3.其他影响

该研究识别出了一些其他影响。首先是孵化企业。创建超级节点与创建知识型企业很像，这些企业包括初创型企业和可能将技术引入市场应用的中小企业。这一影响的范围取决于使用超级节点的方式，以及与大学、产业界和政府（三螺旋）之间的合作力度。旨在创建市场应用的密切合作被认为增加了孵化企业的数量。

突破性研究的市场应用产生了另一个重要的经济影响。战略研究计划在超级计算机推动下，才可能产生更加广泛的影响。然而，这一影响的程度却很难计算。该案例研究所指出的另一个重要影响是，超级计算机对知识型机构和公司的人才培养具有战略意义。通常，计算中心平均每五年便会更新一次它们的超级节点。科研院所由于"旧"的超级计算机价格更为低廉而选择继续使用这些超级计算机。五年之后，超级计算机可能会在工业中得到广泛应用。计算中心的工作人员是拥有高技能的人才，他们对公司和机构的研究具有巨大价值。这些人通常被研究机构或工业企业所雇用。超级节点在其生命周期中的所有上述影响都是由在 ICT 上的公共投资带来的。

最后，支出对区域经济产生了诸多影响。消费支出形式多种多样，例如，超级计算机的工作人员或访问人员对本地零售业或餐饮业的支出。研究中没有计算这种支出的影响。

4.结论

与资金的直接投入不同，人们可能会认为超级节点的建设对就业的影响相对较小。在对经济影响的分析中，只有部分影响是可量化的。然而，那些无法量化的影响对一个国家的（经济）发展似乎也是非常重要的。对超级节点的投资可能会为该行业带来竞争优势。此外，超级节点被认为促进了人们能力的提高。该研究得出的结论认为，如果荷兰决定不对超级节点进行投资，那么当前的发展周期将会被打断。而这反过来又将对人力资源产生负面影响，导致拥有专业技能的人才最终消失。一般而言，超级计算机能够为具有战略重要性的研究和针对最先进的研究基础设施的研究贡献力量。最后，超级节点建设位置的选择对其所能够产生的影响至关重要。阿姆斯特丹是最合理的选择。在那里，新的超级节点可以进一步加强由 SARA 所产生的 IT 集群，并促进各类经济影响的产生。

附录F　报告中涉及的方法

报告名称	分析类型	分析框架	数据来源	数据分析	定量指标	定性指标	主要结论
如何将大型研究基础设施与全球研究联系起来，（2012），Lauro，G & Valentin	事后分析、计量分析	全球合作研究网络	计量数据来自 ISI-Web of Science	计量经济学——回归分析	公开发布研究成果	未使用	在研究网络中，大型研究设施是强有力的结点。其中的科学家推动了研究网络中大量的合作
经济和社会数据服务的经济影响力评估，（2012），Charles Beagrie 有限公司和维多利亚大学战略经济研究中心	事后分析、经济分析	研究数据安全利益框架	资料调研，访谈（25人），对EDSD注册用户和存款人的两份在线调查	条件价值评估法，反事实分析法	投资价值、使用价值、消费者盈余、净经济价值、效率收益、投资回报率	三个政策领域的影响力案例研究，如气候控制、持刀行凶和肥胖相关问题	投资价值：每年2300万英镑； 使用价值：每年2400万英镑； 支付意愿：2500万英镑； 接受意愿：111 00万英镑； 消费者盈余：2100万英镑； 投资回报率：5.4

续表

报告名称	分析类型	分析框架	数据来源	数据分析	定量指标	定性指标	主要结论
HGP 的经济影响力研究，（2011），巴特尔技术合作实践组织	事后分析、经济分析	人类基因组项目的后向联动效应（支出影响）前向联动效应（功能影响）	访谈，专家投入，NIH 和 DOE 数据库中的历史研发数据，National Establishment Time Series 数据库中的历史雇佣数据	IO 分析，IMPLAN 模型内置了“通货膨胀指数”和“去通货膨胀指数”，可以把累积影响估计包括在分析中，利用 IMPLAN 模型建立基因组学相关的行业数据库	对雇佣（工作年）的直接、间接和引致影响，个人收入，产出，地方税收，联邦税收，影响乘数	案例研究：在人类健康，兽医，农业和食品，工业生物技术，环境与法医、司法和安全六个领域的功能影响	造成美国 7960 亿美元的经济产出，超过 2440 亿美元的个人收入，以及 380 万个就业岗位，基因组学相关的行业上缴 37 亿美元联邦税收和 230 万美元州及地方税收，对美国经济的投资回报率为 141，功能影响明显
数据中心：使用、价值和影响，（2011），技术政策研究公司	事后分析、价值分析、使用分析	未指明	对研究资助者的访谈，对用户的在线调查，对专家的访谈	对趋势和用户观点的描述性分析	数据用户和使用的趋势，研究的效率，研究的质量，研究的新颖性	关于研究效率、研究质量和研究新颖性的案例研究；案例研究：对新工具、新方法、新政策、新产品和新服务的广泛影响	对提高研究效率和研究质量益处很多，对提高研究新颖性帮助较少
研究基础设施在科学以外的收益：以 SKA 射电望远镜为例	事前分析、描述性的社会经济分析	未指明	专家观点（研讨会）	对专家观点的描述性分析	各种对市场、技术和技能的独特指标	专家观点汇报，包括 SKA 对 ICT 的影响、传感器技术和实时监测、无线通信、可再生能源和人力资本	SKA 可能对许多相关产业和技术具有广泛益处

续表

报告名称	分析类型	分析框架	数据来源	数据分析	定量指标	定性指标	主要结论
科学上的新发明：达斯伯里同步辐射源的社会和经济影响（1981~2008），（2010），STFC	事后分析，社会经济分析	经济影响报告框架	调查，访谈	经济分析：IO 分析；广泛影响：对定量和定性数据的描述性分析	财政影响，包括直接影响：雇佣和支出，间接供应链影响：雇佣、开支和税收，引致影响：雇佣、同步辐射源直接和间接雇佣的人员开支。 对市场、技术、用户和技能趋势的独特标准和指标	直接影响，对合作研究的案例研究，对用户主导的技术创新和孵化公司的案例研究，间接影响，技能形成和培训，集群效应描述	同步辐射源的总财政经济影响为 9 亿 9200 万英镑。通过用户、培训项目和员工流动，同步辐射源提升了人员技能。同步辐射海源激励年轻人从事科学研究事业。同步辐射源提高了英国工业的水平，创造了新的企业，刺激了西北地区的经济发展
欧洲极大望远镜的影响，（2010），STFC	事前分析，社会经济分析	经济影响报告框架	根据协议许可，使用已有的市场研究、调查和数据	对定量和定性数据的描述性分析	对天文学中市场、技术和趋势的独特标准和指标	对孵化产品的简要案例研究，对未来技术发展（用户驱动发展）的简要案例研究	欧洲极大望远镜将通过发展新技术对经济有直接的积极影响。通过上亿欧元的合同，对工业有直接的积极影响
伯克利实验室经济影响研究，（2010），CBRE 咨询	事后分析，经济分析	未指明	未指明	经济分析：IO 分析	对当地和区域的开支、就业、工资和孵化企业的直接、间接和引致影响。开支、就业和收入的乘数。对一定地理范围的经济影响（当地、区域和国家）	未使用	在 2009 年，伯克利实验室对当地经济直接贡献 5 亿 100 万美元，如果算上间接和引致的开支，贡献则升至 6 亿 9000 万美元。伯克利实验室对美国经济的经济影响总量估计接近 16 亿美元。伯克利实验室每 1 个直接的全时岗位可为美国贡献另外 3.3 个工作岗位。1990 年以来，基于伯克利实验室的技术，成立了 30 家创业公司，创造了 2393 个工作岗位

续表

报告名称	分析类型	分析框架	数据来源	数据分析	定量指标	定性指标	主要结论
BAe146 飞机评述，(2010)，BAe146 评述小组	事后分析，顾问组评估	未指明	评估团队专家	评述 BAe146 取得的研究成就以及贡献	关于科学出版和与广泛研究团体合作（知识溢出）的独特图谱	描述 BAe146 在发展新设备和新技术中的作用。关于研究活动的功能影响的简要案例研究。	通过对研究成果的实际应用，提高了气象局预测与管理事件的能力，使 BAe146 为英国民生做出贡献
激光——影响我们生活 50 年，(2010)，STFC	事后分析，广泛影响评估	未指明	未指明	激光技术发明 50 年中的关键成就	未使用 两个专利和市场价值的独特图谱	激光技术在以下领域中的使用亮点：①测量和分析；②国防和国家安全；③医药和健康；④能源；⑤通讯；⑥环境和气候；⑦用于制造业	激光技术对我们的日常生活有广泛的影响
STFC 影响力报告 2011，(2012)，STFC	事后分析，社会经济分析	经济影响报告框架	未指明	对定量和定性数据的描述性分析	关于市场、技术、研究、技能和工业使用的独特标准和指标	关于 STFC 对气候变化、发现和技术、孵化公司和公共参与项目的贡献的简要案例研究。	STFC 的主要影响方面有研究、创新和技能

续表

报告名称	分析类型	分析框架	数据来源	数据分析	定量指标	定性指标	主要结论
荷兰超级结点的经济效应，（2009），Ecorys	事前分析，经济影响分析	六维分析框架：临时和结构影响、直接和间接影响、总影响和净影响	荷兰超级结点的相关文件； 案例研究：文件和访谈； 访谈； 专家会议	对定量和定性数据的描述性分析	全时的就业情况或劳动年；未考虑营业额、专利等其他经济指标	关于欧洲相似设施的三个案例研究	临时影响：直接就业120—300劳动年，间接就业110—180劳动年 结构影响： ①超级结点的员工—— 直接净影响：40~90全时人员 直接影响：100~150全时人员 间接净影响：10~25全时人员 间接总影响：20~35全时人员 ②超级结点的用户—— 直接净影响：0~1000全时人员 直接总影响：2~4000全时人员 间接净影响：0~40全时人员 间接总影响：40~160全时人员
ESS对区域发展的影响，（2009）	事前分析，社会经济分析	基于区域目前地位和有利条件的区域远景建设	问卷调查，访谈和研讨会，资料调研	定量分析（情景构建分析）， 定性分析（基于其他国际设施经验的大趋势分析）	设施成本（建设和运行），区域发展和就业效应，对各行业影响指数的估算	大趋势（全球化、竞争、城市化、移民等）；优势、机遇、劣势和问题；战略驱动力；利益相关方的合作；风险和行业分析	ESS的直接区域经济效应是非常明显的； 长期间接效应是明确的和而且最大的； 对房地产市场、基础设施、研发和公共服务有非常重要的影响；关键人员的参与和交流的非常重要

续表

报告名称	分析类型	分析框架	数据来源	数据分析	定量指标	定性指标	主要结论
TRIUMF 的社会和经济影响，（2009），MK 咨询公司	事后经济分析；设施潜在扩张的事前经济分析	未指明	设施管理方提供数据；乘数来自公共统计数据	经济分析：IO 分析； 情景构建	已存在的运行和相关活动的经济影响——对产出、GD、就业和省级产出的直接、间接和引致影响；未来运、行可能带来的经济影响——直接、间接和引致影响	科技群集的简要描述；国际“大科学”研究合作的简要描述；关于功能应用的描述	包括直接、间接和引致影响，综合来看，预计 TRIUMF 会在省内产出方面贡献 9.12 亿美元，在省内 GDP 方面贡献 5.11 亿美元，在省内税收方面贡献 5000 万美元，在短期（5 年内）贡献 1284 个全时就业岗位
案例研究：生物银行的经济影响，（2009），Fraunhofer	事后分析，经济影响评估	未指明	未指明	案例研究	预算和投资，雇员数量，出版物和专利	将生物银行与工业和相关研发团体联系起来；对孵化公司的描述	生物银行的升级和与其合作完成的研究实验相结合。 生物银行的经济影响显现在雇员和相关研究团体数量的增加，以及三家孵化公司
John Innes 中心的经济影响，（2009），DTZ	事后分析，经济影响	运营影响，终极市场影响，广泛的定性收益	未指明	经济分析：IO 分析，市场分析	对产出、就业、收入和 GVA 的直接、间接和引致影响； 市场价值（商品价格）； 非经济指数：出版物，科技员工数量	未使用	对产出的总影响：83.4 英镑； 对就业的总影响为 950 全时岗位； 对收入的总影响：30.1 英镑； 对 GVA 的总影响：42.4 英镑

续表

报告名称	分析类型	分析框架	数据来源	数据分析	定量指标	定性指标	主要结论
英国大型研究基础设施的经济评估，(2008)，SQW	事后分析，经济影响分析	未指明	文献综述， 收集5个研究基础设施就业、开支等数据， 对设施员工、工业和学术界用户、供应商进行访谈	对定量和定性数据的描述性分析， 反事实分析——比较英国本土设施和海外设施在收益（和成本）方面对英国的影响	对就业、购买力（高技术合同）的直接影响， 对供应商的直接商业效益、 设施的工业使用情况	供应商对于英国拥有大型研究基础设施的正面观点； 学术界用户对于英国拥有大型研究基础设施的正面观点； 工业用户对于英国拥有大型研究基础设施的正面观点； 技术收益； 市场收益； 战略收益； 邻近收益	经济影响主要来自对相对高工资员工的雇佣，给予英国供应商的合作合同，对地方技术集群的贡献，知识技术的转移转化，吸引重要的国际投资
工业和大科学联合创新的双赢过程，(2006)，Vuola，O. & A.-P. Hameri，A.-P	事后分析，研究创新对各利益相关方的影响	文章描述了一种基于CERN与企业合作的新技术创新过程模式	结合深入案例研究方法、参与实验法和回顾性访谈	测试了通过纵向分析9个案例研究而构建的模型	未使用	合作带来的财政、组织、技术和社会方面的产出	大科学与各利益相关方合作带来广泛的创新产出，特别是与工业合作带来的创新产出尤为值得关注
CERN 技术向工业和社会的转移转化，(2005)，CERN	事后分析，技术转移影响	知识创造模型（科学过程，知识过程，技术过程）	CERN 技术转化数据库	对定量和定性数据的描述性分析	出版物数量，会员、试用用户、实习生和学生的数量	技术转移的领域：CERN技术应用于各科学分支（ICT、医学、能源和环境）， 5个案例研究由使用CERN技术引发的工业创新过程，56个技术转移案例	CERN 的技术转化政策在多个技术领域产生了成功的创新效应和孵化公司

续表

报告名称	分析类型	分析框架	数据来源	数据分析	定量指标	定性指标	主要结论
ESTEC 对荷兰的价值，(2005)，Triarii	事后分析，知识价值和经济价值分析	未指明	资料调研和访谈	对定量和定性数据的描述性分析，宏观经济分析	直接经济影响（就业、开支）， ESTEC 支出占荷兰 GDP 的比重， 与荷兰工业界签订的合同金额	描述 ESTEC 与荷兰空间集群的相互交流， 描述 ESTEC 与荷兰知识基础设施的相互交流， 描述 ISS 的商业利用	ESTEC 的知识资产的公开度可以再改善，荷兰贡献的每 1 欧元为荷兰经济产生 3.4 欧元的回报
学习——使创新变成现实，Giornale di Fisica，(2005)，Streit-Bianchi M.，et al.	事后分析，研究知识转移和创新对供应商的影响	促进采购过程中学习和获取知识的交流模式	从已有研究得到的二手数据 ①研究供应商的技术学习过程（154 个供应商）； ②研究 CERN 员工的知识溢出过程（411 个芬兰人；106 个意大利人；67 个奥地利人；106 个葡萄牙人）	对调查结果的描述性统计分析	和采购相关的各种收益类型的指标， 认知资本的强度指标， 发展新技能、竞争力和影响力指标	未使用	学习收益对于企业和工程师、物理学家都是重要的
中子和创新：丹麦联合支持大型研究基础设施将在科学、技术和竞争力方面取得什么收益？哥本哈根商学院，(2005)，Valentin，et al.	事前分析，社会、经济和系统分析	从科学到经济的成长之路	未指明	对专家观点和反馈的描述性分析，情景构建	未使用	描述对 ESS 可能的影响	直接经济利益与对设施的采购相关联； 附带的间接和系统影响包括建立一个高度专业的本地人才交流库、一个供青年研究人员培训的平台和一个前沿研究节点
大科学中心的行业知识溢出的框架，(2004)，Autio，et al.	事后分析，综述了工业和大科学中心合作产生的间接和非货币利益	文章开发了一种用于分析大科学中心和工业合作意图和行动的框架	未指明	深入案例研究以测试提出的框架	未使用	简要案例研究，阐述公司与 CERN 合作的财务、技术、战略和教育动机	大科学中心具有重要的工业潜能； 大科学中心与工业合作可能改善学习过程、导致创新并具有重要商业影响

续表

报告名称	分析类型	分析框架	数据来源	数据分析	定量指标	定性指标	主要结论
大型研究设施的影响力——社会-经济分析，(2004)，Hallonsten et al	事后分析，社会-经济分析	ESS 的影响取决于它与各利益相关方的关系	资料调研和访谈，其他大型研究基础设施的经验	对定量和定性数据的描述性分析	未使用	描述与工业和地方政府的经济关系；案例研究，描述其他大型研究设施的技术转移转化经验	与高校的合作、企业的参与和当地的支持是 ESS 对所在地区产生正面影响的三个主要条件
CERN 对社会研发效益的研究，学术论文(2004)，Bressan	事后分析，知识溢出效应分析	对知识创造路径的理论贡献：考虑获取知识中的科学、技术和社会过程及知识从隐性到显性转化的四种模式	CERN 技术转化数据库，对 CERN 员工的在线问卷调查	对定量数据的描述性统计分析，定性分析，比较两个样本	知识获取的类型，交流互动，培训影响，CERN 经历对职业发展的影响等定量指标。	定性分析：知识获取、学习、技能、社会资源、竞争优势	个人通过社会过程创造和扩展知识；存在隐性和显性知识的相互作用； 面对不同学科、技术，机构内、外交流的重要性； 通过知识的传播直接造福社会
通过 CERN 采购活动的技术转移和技术学习，(2003)，Autio et al	事后分析，溢出效应和对供应商创新收益的研究	CERN 和其个体供应商之间的组织性学习	系列案例研究，对 154 家供应公司的调查，访谈 CERN 科学家以证实供应商的答案	对定量数据的描述性统计分析和关联分析，定性分析	技术学习产出的定量指标：市场学习产出、机构产出、绩效产出	用定性数据补充解释统计分析	作为供应项目的直接结果，38%的供应商开发了新的产品或服务，13%开始了新的研发单元，14%开始了新的商业单元，17%开了新的市场，42%增加了其国际影响，44%指出技术学习的重要性； CERN 具有挑战性的项目需要 CERN 员工高水平的知识获取和相互促进

续表

报告名称	分析类型	分析框架	数据来源	数据分析	定量指标	定性指标	主要结论
欧洲中子科学的中长期愿景，（2003），ESFRI	事前分析，比较型社会-经济分析	未指明	专家组	场景构建中子源设施情景， 情景比较基于投入、产出和生命周期	资源收益和仪器收益指标； 科学产出指标对比； 成本对比	描述每一场景的直接、间接和全球影响	总结三个情景、ILL千禧年项目和 ISIS-2 第二个标靶站； 实现任一情景将需要 6 亿~15 亿欧元的投资，可支持该领域未来 25~40 年的研究
利用客户关系获取技术创新信息——对科研机构供应合同的价值链分析，（2003），Nordberg et al	事后分析，研究创新对供应商的影响	价值链	来自 49 家 CERN 供应商的调查和访谈数据，访谈 CERN 工程师验证供应商访谈数据，通过访谈区分商业效益和技术效益	描述性统计、关联和因素分析	价值链影响指数	定性数据（补充统计分析）	当供应商追求与其核心竞争力相关的战略目标时，最有可能发生长程价值链效应
CERN 的孵化公司和 TuoviWDM 案例，（2000），Byckling，et al.	事后分析，研究一个孵化公司中的技术转移过程	未指明	未指明	案例研究	未使用	对技术开发、转移和与工业合作过程的细致描述	在许多案例中，与大科学合作产生的收益是无形的，例如，教育、新技能和产品、无法预测的市场和合作伙伴
加速器技术的技术转移，（2000），Hameri，A.P.	事后分析，从大科学实验室到某成员国和其工业的技术转移研究	未指明	未指明	案例研究	未使用	对孵化公司和技术转移带来的无形利益的描述	SMES 和大公司在与大科学设施合作方面可能有不同的动机；除了盈利需求外，创立公司也应追求技术领先
基于合同收益和竞争力的供应商策略——以 CERN 为例，赫尔辛基理工大学，日内瓦．页码：173（1994），Nordberg，M.	事后分析，研究与大科学合作给供应商带来的利益	报告的目的是开发一种分析供应商收益的模型/框架	文献综述，专家访谈，调研 CERN 工程师和供应商	描述性统计、关联和因素分析	商业利益指标，技术利益指标	用定性数据补充解释统计分析	对供应商而言，与大科学合作带来的最大收益在于市场和技术方面

续表

报告名称	分析类型	分析框架	数据来源	数据分析	定量指标	定性指标	主要结论
主持国际研究基础设施对经济产生的影响，(1993)，内阁办公室	事后分析，国际科学合作中成本-收益研究	研究目标是发展一种分析框架，可用来评估主持大型国际科学设施的成本和收益	对 6 家大型研究基础设施进行访谈，对供应商进行访谈，与英国科学团体成员和英国科学与工程研究委员会官员讨论	对定量和定性数据的描述性分析	开支和就业的直接经济影响， 与设施签订的合同：价值、地理分布、财政和工业回报， 就业和技术技能、设施的使用	对集群效应和临近收益的描述， 对地方经济利益的描述， 对国家科学基础影响的描述， 对技术转移的描述	主持设施国家在设施的供应合同和就业方面占较大优势； 地理位置的临近会给当地的科学发展、供应和地区经济带来很多有价值的机遇
CERN 的经济附加值的定量分析，(1986)，Biachi et al	事后分析，对供应公司的经济和技术收益研究	未指明	对 166 家欧洲公司进行了访谈	经济效用计算（经济效用=增加的营业额+节省的成本）； 由抽样分析结果推断所有公司	估算由于 CERN 合同带来的销售增加和成本节省， 估算经济效用	CERN 产生的实例的说明	截至 1987 年，CERN 的总经济效益为 31.07 亿瑞士法郎，而面向 CERN 的销售 1973~1982 年总计 7 亿 4800 万瑞士法郎（按 1982 年价格计算）； 据估算，CERN 于 1973~1982 年度的高技术采购产生的经济效用占同期总体运营成本的 60%
评估大科学：CERN 的过去表现和未来前景，Scientometrics，7（3-6），pp.281-308（1985）Irvine and Martin	事后分析，评价 CERN 活动的科学影响	未指明	出版和引用数据，苏塞克斯大学科学政策研究所的同行评议数据	指标集成的方法	文献计量指标（论文数量和引用）； 同行评议（自我排名 vs 同行排名）	未使用	无社会经济影响结论

续表

报告名称	分析类型	分析框架	数据来源	数据分析	定量指标	定性指标	主要结论
CERN 合同的经济效益研究（第二版），CERN 黄皮书 84-14，日内瓦：CERN.（1984）	事后分析，对供应公司的经济和技术收益研究	未指明	访谈了 166 家欧洲供应公司	经济效用计算（经济效用=增加的营业额+节省的成本）； 由样本推断所有公司	估算由于 CERN 合同带来的销售增加和成本节省， 估算经济效用	CERN 产生的实体案例研究	截至 1987 年，CERN 的总经济效用为 31.07 亿瑞士法郎，而 CERN 的采购金额在 1973~1982 年度总计 7.48 亿瑞士法郎（按 1982 年价格计算）； 据估算，CERN 于 1973~1982 年度的高技术采购产生的经济效用占同期总体运营成本的 60%
CERN 合同的经济效益研究，CERN 黄皮书（75-5），41 日内瓦：CERN.（1975）	事后分析，对供应公司的经济和技术收益研究	未指明	对 127 家欧洲供应公司进行了访谈， 对 110 位 CERN 员工进行了访谈	经济效益计算（经济效用=增加的营业额+节省的成本）	估算由于 CERN 合同带来的销售增加和成本节约， 估算经济效益	CERN 产生作用的案例研究	截至 1978 年，总经济效益为 16.65 亿瑞士法郎，而 CERN 的采购金额总计 3.94 亿瑞士法郎； 效用/销售比：对电缆、磁铁、冷却系统和钢材的效益销售比的范围为 0.9~7.3；计算机的为 17.3，机械 31.6； 大约 80%的效用来自对高能核物理外的市场的销售； 1955~1973 年度，CERN 从总计 35 亿瑞士法郎预算中拿出 8.77 亿瑞士法郎用于欧洲工业领域，产生的总经济效益估计约 50 亿瑞士法郎

续表

报告名称	分析类型	分析框架	数据来源	数据分析	定量指标	定性指标	主要结论
STFC ISIS 设施影响案例研究	事后分析，关于 ISIS 研究的科学影响的 16 个案例研究	未指明	未指明	案例研究	未使用	ISIS 研究的具体应用的 16 个独立案例研究	未获得
ITER 的经济影响研究-EISS2 Cadarache	事后分析，建设和运行阶段的经济分析	未指明	未指明	IO 分析，用于计算国家影响力的全国各部门的 IO 指标	对产出和就业的直接影响，部门支出，全球经济影响	未使用	在建造阶段，ITER 直接推动了 37 个经济部门中的 7 个经济增长，而在应用阶段，有推动了 18 个部门经济增长。在建设阶段，ITER1 欧元的支出对当地的影响是 3.7 欧元，对法国的影响是 6.3 欧元；在开发阶段 1 欧元的支出对当地和法国的影响分别是 3.5 欧元和 5.7 欧元
大额资金投资的影响：NERC	事后分析，科学和经济影响分析	未指明	未指明	未指明	未使用	对设施的技术发展、衍生公司和具体应用的描述	未获得

续表

报告名称	分析类型	分析框架	数据来源	数据分析	定量指标	定性指标	主要结论
千禧世代研究的影响力评估（ESRC）——纵向研究中心，（2011），Consulting in place	事后分析，评估千禧世代研究的影响力	使用持续追踪的方法识别三类影响力： ①可操作性——影响了政策实践，服务提供，修改立法，改变行为模式； ②概念性——对争议加深理解，传播并重构； ③能力建设——技术/个人的技能发展	文件综述，访谈	对千禧世代研究在政策和实践方面影响的细致定性分析； 找出使用千禧世代研究数据的关键研究主题； 识别对政策可能的影响； 对政府的影响	使用千禧世代研究数据	政策案例研究； 千禧世代研究影响高级决策的证据	发挥作用的影响：政策中清楚提及千禧年世代研究； 概念影响：使用千禧世代研究数据的大多是与政策相关的研究； 能力建设影响：千禧世代研究数据有利于英国发展其纵向分析研究的能力
评估大英图书馆的经济影响，（2007），Pung et al	事后分析，经济分析	未指明	对科技界用户、远程用户和普通公众的三项调查	条件价值评估法，消费者盈余	支付意愿（WPA）， 接受意愿（WTA）， 需求的价格弹性， 成本替代， 可获得投资	未使用	大英图书馆每年产生的价值相当于3.63亿英镑。对用户的直接价值为5900万英镑，对社会的间接价值为3.04亿英镑